BIM 应用指南系列

建筑工程 BIM 应用指南

指导单位　深圳市住房和建设局

主编单位　深圳市特区建工集团有限公司

主　　编　郑晓生

副 主 编　江 　建 　周 　磊

　　　　　黄 　海 　刘家琪

U0223862

中国建筑工业出版社

图书在版编目（CIP）数据

建筑工程BIM应用指南 / 深圳市特区建工集团有限公司，郑晓生主编；江建等副主编. -- 北京：中国建筑工业出版社，2024.8. --（BIM应用指南系列）.

ISBN 978-7-112-30395-3

Ⅰ. TU-39

中国国家版本馆CIP数据核字第2024LQ2969号

责任编辑：费海玲

文字编辑：田　郁

书籍设计：锋尚设计

责任校对：赵　力

BIM应用指南系列

建筑工程BIM应用指南

指导单位　深圳市住房和建设局

主编单位　深圳市特区建工集团有限公司

主　　编　郑晓生

副主编　江　建　周　磊　黄　海　刘家琪

*

中国建筑工业出版社出版、发行（北京海淀三里河路9号）

各地新华书店、建筑书店经销

北京锋尚制版有限公司制版

北京京华铭诚工贸有限公司印刷

*

开本：787毫米×1092毫米　1/16　印张：13　字数：246千字

2024年12月第一版　　2024年12月第一次印刷

定价：**158.00**元

ISBN 978-7-112-30395-3

（43566）

根据深圳市人民政府办公厅《关于印发加快推进建筑信息模型（BIM）技术应用的实施意见（试行）的通知》（深府办函〔2021〕103号）的有关要求，在深圳市住房和建设局的指导下，项目编写组研究并编制了《建筑工程BIM技术应用指南》，以指导建筑工程全生命期BIM技术应用。编写组以现行相关国家标准、地方标准为基础，经广泛的调查研究，积极采纳建筑工程建设、设计、施工、运营、咨询、科研、软件等相关单位的意见和建议，紧密结合深圳市建筑工程的BIM技术应用经验和成果，制定了本指南。

本指南主要内容包括：1 总则；2 术语；3 基本规定；4 BIM总策划；5 岩土工程勘察阶段；6 规划与方案阶段；7 初步设计阶段；8 施工图设计阶段；9 深化设计阶段；10 施工实施阶段；11 装饰装修阶段；12 运维阶段。

本指南结合深圳市建筑工程BIM技术应用实践和相关标准规范要求编制，其他城市可结合本地化的BIM要求进行参考实施。

由于作者水平有限，本书编写的纰漏与不足之处在所难免，敬请广大读者批评指正。

编写组

指 导 单 位：深圳市住房和建设局

主 编 单 位：深圳市特区建工集团有限公司

参 编 单 位：深圳市天健（集团）股份有限公司

深圳市天健棚改投资发展有限公司

深圳市天健建工有限公司

深圳市特区建工科工集团设计顾问有限公司

深圳市特区建工科工集团盛腾科技有限公司

深圳市政集团有限公司

深圳市工勘岩土集团有限公司

深圳市蕾奥规划设计咨询股份有限公司

深圳广田集团股份有限公司

筑加智慧城市建设有限公司

广联达科技股份有限公司

中建科技集团有限公司

深圳嘉瑞建设信息科技有限公司

编 委 主 任：宋 延

编委副主任：龚爱云 邓文敏 覃 轲

主 编：郑晓生

副 主 编：江 建 周 磊 黄 海 刘家琪

编写组成员：林 璇 张永峰 刘志翔 杨叶青 杨志敏 潘启钊

杨 军 陈逢春 梁志峰 孙 剑 陈 鸿 邓 军

辛业洪 梁诗涵 涂晓辉 薛世淮 张 昭 周晓光

陈艳颜 张浩华 王江延 李新元 谢宾宾 刘晓沛

董 昆 吴 硕 谢金强 郑永康 魏时阳 封宇阳

审 稿：于 琦 严 静 李良胜 赵宝森 张立杰 刘 宴

王 刚 谭 毅

目录

1 总　则

1.0.1 为指导建筑工程全生命期各阶段的 BIM 技术应用，规范应用成果，实现各阶段信息的有效传递，制定本指南。

1.0.2 本指南适用于深圳市建筑工程在规划、勘察、设计、施工、运维全生命期各阶段的 BIM 技术应用，其他城市可结合本地化的 BIM 要求进行参考实施。

2 术 语

2.0.1 建筑信息模型 building information modeling，building information model（BIM）

在建筑工程及设施全生命期内对其物理和功能特性的数字化表达，包括设计、施工、运营的过程和结果，简称"模型"。

2.0.2 建筑工程 building engineering

也称房屋建筑工程，包括民用建筑（由居住建筑和公共建筑组成）、工业建筑（由厂房建筑、仓储建筑和物流建筑组成）及其配套的工程设施。

2.0.3 BIM 应用需求 BIM application requirements

基于工程项目建设目标，以合同形式约定的关于 BIM 设计及其交付物的范围、内容和深度。

2.0.4 模型精细度 level of development（LOD）

模型元素组织及几何信息、非几何信息的详细程度。

2.0.5 属性信息 attribute information

能以数字、文字、字母、符号等文本形式表达的，用以反映模型、模型单元及其对应工程对象各种性状的资讯。按自身构成，一般包括信息名称、信息内容和信息单位三部分；按类别和产生阶段，一般包括身份信息、定位信息、系统信息、技术信息、生产信息、销售信息、造价信息、施工信息和运维信息等子类信息。

2.0.6 BIM 设计 BIM forward design

应用 BIM 软件开展工程项目设计，直接构建建筑信息模型，并由其生成图纸文件等设计交付物的一种设计方式。

2.0.7 BIM 建模 BIM reverse modeling

根据已有设计图纸创建建筑信息模型，用于三维校核以及相关应用的设计方式。

2.0.8 深化设计 BIM detailing design

在工程施工图设计文件的基础上，针对实际施工方案，结合施工工艺情况，对工程设计图纸进行细化、补充和完善。

2.0.9 4D BIM

在 BIM 上关联工程进度信息后展开的 BIM 应用，可用于展示项目虚拟建造过程，实施进度管理。

2.0.10 5D BIM

在 4D BIM 的基础上，在 BIM 上关联工程价格信息后开展的 BIM 应用，可用于展示项目随时间的资源需求，实施物料管理和成本管理。

3 基本规定

为指导各参建方应用 BIM 技术，提高建筑工程建设信息化水平，满足关于全过程 BIM 场景应用和固定投资建设的要求，特编制本指南。本指南适用于房屋建筑工程全生命周期的 BIM 技术基本应用，其他工程领域可以参照执行。

3.1 一般规定

3.1.1 建筑信息模型的创建、交付应满足勘察、设计、施工、竣工交付各阶段的要求。模型深度应满足现行深圳市地方标准《建筑工程信息模型设计交付标准》SJG 76—2020 相关规定。

3.1.2 BIM 应用是一项贯穿于项目各阶段的系统工程，建设单位应协调各参与单位商定模型信息互用协议，明确模型互用的内容和格式，确保 BIM 信息交互能够满足连续性的要求。

3.1.3 模型创建前，各实施单位应结合项目 BIM 应用需求和实施管控精度，制订 BIM 应用策划，后期根据 BIM 应用策划开展过程管理与成果控制。

3.1.4 模型创建时应根据工程的实际情况和设计需要进行模型拆分，并考虑模型的续用性和扩展性。

3.1.5 建设单位宜建立协同管理制度，明确人员结构和职责分工，确定工作范围和权限，并建立基于模型的沟通协调规则。

3.1.6 设计单位应当建立基于 BIM 的协同工作模式，保障图模一致。

3.1.7 设计阶段 BIM 实施应合理考虑与前期规划阶段的对接，以及向施工阶段的移交，并考虑竣工验收和运维阶段需要。

3.1.8 施工阶段的 BIM 实施应继承和沿用设计阶段的 BIM 成果，并考虑运维阶段的 BIM 应用需求。

3.1.9 各工程参与单位宜基于协同管理平台进行工程信息模型的审核、交付与使用，各参与单位应保证各自创建的模型及应用成果的准确性、完整性和有效性，协同管理平台宜由建设单位提供。

3.2 应用模式

3.2.1 BIM 应用模式按建设工程项目阶段应用划分，可分为全生命周期应用、阶段性应用、专项应用。

   1 全生命周期应用：指策划项目整体 BIM 技术应用，并在建设工程项目规划、设计、施工、运维等各阶段沿用 BIM 技术。

   2 阶段性应用：选择建设工程项目全生命周期中某些阶段应用 BIM 技术。

   3 专项应用：选择建设工程项目中特定专业、特定区域或重点任务，专项应用 BIM 技术。

3.2.2 在设计阶段，根据开始应用 BIM 技术的时间和配合方式不同，应用模式可分为 BIM 建模和 BIM 设计。设计阶段作为全生命周期应用的源头，应该积极推行 BIM 设计，促进建设全过程 BIM 数据的互联互通。

3.2.3 在确定 BIM 应用模式后，可按本指南所列的对应技术要求实施，BIM 的深度应满足工程项目不同阶段实际使用的需求。

3.3　实施组织方式

3.3.1 BIM 实施组织一般以项目参与各方中的某一方来主导，一般可分为下列 4 种情况：

1　建设单位主导：由建设单位组建专门的 BIM 团队，负责 BIM 的实施以及统筹各参与方进行 BIM 应用。

2　设计方主导：一般由建设单位委托设计单位完成 BIM 设计模型和相关应用，并在施工阶段提供 BIM 技术指导、维护模型等。

3　施工单位主导：通常是指由施工单位应用 BIM 技术，完成施工模拟、深化设计等工作，主要应用在投标和施工阶段。

4　咨询方管理：建设、设计或施工单位委托咨询单位根据设计单位提供的设计图纸进行三维建模、碰撞检查、模拟施工等，辅助工程项目全过程管理。

3.3.2 BIM 实施宜由建设方主导，采用基于全生命周期的实施模式，以利于协调各参与方在项目全生命周期内的协同应用，保障模型在各阶段之间的衔接、数据传递和共享。建设单位应在项目投资中纳入 BIM 技术应用相关费用，专款专用，保证落地。

3.4　BIM 项目各方参与职责

3.4.1 BIM 实施相关参与方应包括但不限于建设单位、BIM 总协调方、勘察单位、设计单位、施工总包单位、专业工程施工单位、监理单位、造价咨询单位、顾问咨询单位、设备供应商和运维单位等。以上所有 BIM 实施相关参与方应具备下列基本要求：

1　具备专业齐全的 BIM 技术团队和相关的组织架构。

2　能针对项目的特点和要求制定项目的 BIM 应用实施方案。

3　具有对模型及信息进行评估、深化、更新、维护的能力。

4　具有利用 BIM 技术进行沟通协调的能力，能进行项目管控、指导现场施工。

3.4.2 建设单位应履行下列职责：

1　主导工程建设项目的 BIM 技术应用，负责整个项目 BIM 工作的总体规划部署，审核各参建方提交的实施计划，实现各建设阶段的信息传递和共享。

2　组织并统筹各参建方进行 BIM 技术应用，规划项目 BIM 技术培训及考核等保障措施。

3　在招标文件和合同中约定参建各方的 BIM 应用需求、交付标准和信息安全责任，并落实相关费用。

4　确定并委托工程项目 BIM 总协调方。

5　在办理主体施工许可事项时，检查确认提供的 BIM 与施工图设计文件内容一致。

6　接收审查通过的 BIM 交付模型和成果档案。

7　施工过程中，利用 BIM 成果进行现场管理、质量监督等工作。

8　在办理竣工联合验收事项时，检查确认归档的 BIM 与工程竣工图内容、施工现场的一致性。

9　在交付使用时，组织施工单位将符合运维要求的竣工 BIM 移交运维单位。

10 指导、监督和检查各参建方按照工程进度编制、收集、初步整理建设工程信息模型归档文件。

3.4.3 BIM 总协调方应履行下列职责：

1 根据项目要求制定项目 BIM 应用实施方案，并组织管理实施。

2 对 BIM 实施的计划执行情况进行跟踪统计与分析评估。

3 建立统一数据格式标准和数据交换标准，实现信息的有效传递。协助建设单位进行数据协调管控、信息交互流程管理、业务数据管控。

4 审核与验收各阶段项目参与方提交的 BIM 成果并给出审核意见、提出合理建议，协助建设单位进行 BIM 成果归档，协助检查 BIM 和设计文件的一致性、真实性、准确性。

5 根据建设单位 BIM 应用的实际情况，协助其开通和辅助管理维护 BIM 协同管理平台（包含权限的分配、使用原则的制定等）。

6 为各参与方提供 BIM 技术支持，组织召开项目的 BIM 沟通协调会议。

7 协助建设单位选择具备 BIM 技术能力的参建单位，对参建各方 BIM 技术应用情况进行评价。

8 根据建设单位要求开展技术应用、标准体系和软件使用等培训。

3.4.4 勘察单位应履行下列职责：

1 根据项目 BIM 应用实施方案，建立基于 BIM 的岩土工程勘察流程与工作模式，根据工程项目的实际需求和应用条件确定不同阶段的工作内容。

2 核对项目坐标，建立可视化的岩土工程信息模型，实现与岩土工程相关方的三维融合，加强与工程设计的协调关联。

3 实现工程勘察基于 BIM 的数值模拟和空间分析，结合 BIM 与 CIM（城市信息模型，city information modeling）技术辅助智慧城市应用，辅助用户进行科学决策和规避风险。

3.4.5 设计单位应履行下列职责：

1 根据项目 BIM 应用实施方案配置 BIM 团队，同步组织设计阶段 BIM 的实施工作。

2 通过三维核对等手段审核设计图纸，减少设计错误，优化设计方案。

3 按照建设单位提供的项目施工基本要求，做好设计阶段 BIM 成果与施工阶段 BIM 实施的对接工作。

4 完成本项目 BIM 建模及应用（包含模拟分析与优化，进行设计成果审核）并通过模型评审，在办理规划许可和施工许可事项时按要求上传模型。

5 使用 BIM 技术与项目各参与方进行设计交底并配合项目建设实施。

6 对施工单位的 BIM 深化成果审核、确认。

3.4.6 施工总包单位应履行下列职责：

1 配置 BIM 团队，根据项目 BIM 应用实施方案的要求提供 BIM 成果，并在施工过程中及时更新，保持其适用性。

2 以设计建筑信息模型为基础，完善并优化施工建筑信息模型，进行深化设计、专业协调、成本管理与控制、施工过程管理、质量安全监控、地下工程风险管控、交付竣工模型等应用，辅助进行项目管理，统筹项目 BIM 培训。

3 组织、协调各分包单位的信息协调交互、成果数据应用，根据合同确定的工作内容，协调校核各分包单位施工建筑信息模型，将各分包单位的交付模型整合到施工总承包的施工 BIM 交付模型中。

4 使模型成果通过模型评审，确保其符合实施方案规定的模型深度及建模标准和要求。

5 配合建设单位提供必要的工程资料与BIM成果，参与 BIM 竣工模型移交工作。

3.4.7 专业工程施工单位应负责合同范围内的建筑信息模型深化、更新和维护工作。利用 BIM 指导施工，配合总承包单位的 BIM 工作，并提供符合合同约定的 BIM 应用成果，由施工总包单位整合后交给建设单位。

3.4.8 监理单位应履行下列职责：

1 审阅建设单位提供的 BIM 模型并提出审阅意见。

2 配合 BIM 总协调方对 BIM 交付模型的正确性及可实施性提出审查意见。

3 利用 BIM 成果对施工现场的质量进行审查，控制施工质量并记录检查结果。

3.4.9 造价咨询单位应履行下列职责：

1 在设计单位提供的 BIM 基础上补充算量需要的模型和信息，运用 BIM 技术对工程量进行统计，辅助完成工程概算、预算和结算工作。

　　2　根据合同要求提交 BIM 工作成果，并保证其正确性和完整性。

3.4.10 顾问咨询单位作为专业 BIM 团队，根据合同约定和项目 BIM 实施的组织方式，参照以上各方职责实施 BIM 技术应用。

3.4.11 设备供应商宜提供与设备参数匹配的 BIM 模型。

3.4.12 运维单位应履行下列职责：

　　1　在设计和施工阶段提前配合 BIM 总协调方，确定 BIM 数据交付要求及数据格式，协助建设单位进行需求分析，并在设计 BIM 交付模型及竣工 BIM 交付模型交付时配合 BIM 总协调方审核交付模型，提出审核意见。

　　2　接收竣工 BIM 交付模型，搭建基于 BIM 的项目运维管理平台并进行日常管理，并对建筑信息模型进行深化、更新和维护，保持其适用性。

4 BIM 总体策划

项目 BIM 总体策划各应用主要适用于房屋建筑工程项目，建设单位应根据本指南对项目 BIM 实施工作进行总体策划、管理。项目 BIM 实施的目标和范围应由建设单位根据项目类型、规模、复杂度、合同要求、工期进度及工程项目各参与方 BIM 应用水平等因素综合确定，政府投资项目还应满足《政府投资公共建筑工程 BIM 实施指引》SJG 78—2020 的相关规定要求，其他类型项目可参照执行。

项目 BIM 总体策划应包括《BIM 实施策划方案》编制、BIM 招标投标管理、BIM 协同管理、各阶段实施方案评审和各参建方 BIM 实施的履约评价等。

4.1 BIM 实施策划方案

4.1.1 概述

在工程项目实施前，建设单位应根据本项目重难点、项目组织方式、BIM 技术标准文件和项目应用模式，确立 BIM 实施的目标、范围，牵头编制完成《BIM 实施策划方案》。《BIM 实施策划方案》应包含项目 BIM 实施的背景、目标、范围，以及 BIM 应用模式、组织方式、协同机制、BIM 标准、成果交付要求、BIM 实施考核管理、实施计划、管理应用要求等内容。

4.1.2 基础数据和资料

1 工程概况（包括工程名称、工程重难点、工程地址、建筑规模、结构类型和层数、项目建设期、项目总进度计划等）。

2 各阶段 BIM 应用需求（充分考虑、收集前期规划阶段、设计阶段、施工阶段、运维阶段的 BIM 应用需求）。

3 项目施工组织设计。

4 （项目所属单位或所在地相关部门发布的）BIM 标准资料。

4.1.3 实施流程

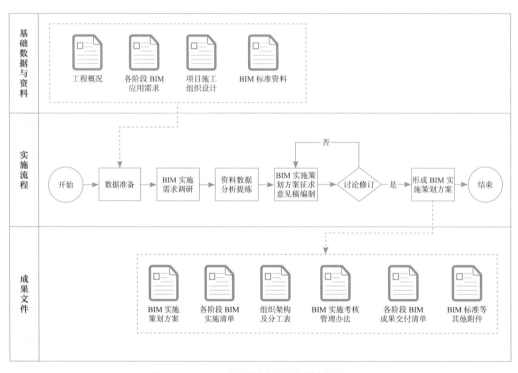

图 4.1.3　BIM 实施策划方案编制实施流程图

4.1.4 实施细则

1 收集数据，并确保数据准确性。

2 各参建方调研后确定各阶段 BIM 实施需求，初步形成项目实施目标和实施明细。

3 对收集的资料数据分析、策划，依据项目定位梳理项目重难点及应对措施，明确项目 BIM 实施目标、实施内容、实施规划，以运维为导向，同时兼顾赋能现场建设。

4 编制 BIM 实施策划方案，分解 BIM 应用目标，确定应用模式、不同阶段 BIM 实施内容及技术要求、多方协同机制、组织架构及分工、软硬件配置、统一 BIM 标准、BIM 实施履约评价办法、各阶段成果交付清单及实施管控进度计划等内容，形成方案征求意见稿。

5 组织各参建方对方案征求意见稿进行讨论、修订，达成一致，形成适合本项目特点的 BIM 实施的策划方案终稿，作为各参建方编制 BIM 实施方案的依据。

6 发布终稿并对各参建方进行宣贯，作为各参建方开展 BIM 实施工作的依据。

4.1.5 成果文件

1 主文件《BIM 实施策划方案》。

2 附件《各阶段 BIM 实施清单》。

3 附件《组织架构及分工表》。

4 附件《BIM 实施考核管理办法》。

5 附件《各阶段 BIM 成果交付清单》。

6 BIM 标准等其他附件。

4.1.6 应用价值

1 辅助决策，通过搭建概念性的模型，充分利用 BIM 的可视化、模拟和分析功能，预先评估项目的工程特点、难点及存在风险，对工程各环节进行梳理、预估，提出相应管理重点及应对措施，发挥总体策划的上游优势和引领作用，帮助建设单位做出最佳决策，使项目的定位更合理。

2 作为 BIM 实施的指导性文件，明确项目 BIM 实施的总体目标和内容，统一行动目标，形成各阶段、各参建方实施活动的向心力，作为各参建方编制 BIM 实施方案的依据。

3 明确各参建方职责分工，便于协调推进 BIM 管理工作；明确考核管理办法，为后续实施管理提供抓手。

4 提升 BIM 和 CIM 价值，建立可视化、精细化、多维度、可模拟的设计和建造模式，用模型和数据为智慧建造保驾护航，为后期 BIM 导入可视化城市空间数字平台（CIM 平台）、夯实智慧城市数字底座奠定坚实基础。

4.1.7 项目案例

罗湖"二线插花地"棚户区改造项目位于深圳市生态资源丰富的罗湖区北部，建设开发用地分为木棉岭片区、布心片区。两大片区共 17 个地块，10 条市政道路，项目总用地面积约 45.2 万 m²，拟建总建筑面积约 229.8 万 m²，内有安置房、保障房、中小学、幼儿园、社区配套用房及公交首末站等公共配套设施。

罗湖"二线插花地"棚户区改造服务项目信息化管理平台（含 BIM 咨询）BIM 实施规划

目 录

图 4.1.7-1 BIM 实施规划管理文件目录

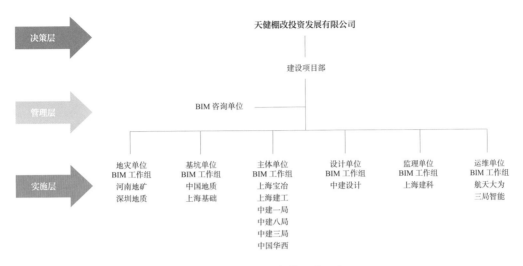

图 4.1.7-2　组织架构及分工表

针对超大规模、类型多、层级多、工作面交叉多的工程现状，结合项目建设目标及重难点等内容，罗湖棚改在项目初期统一规划、分步实施，完成项目 BIM 实施规划及项目 BIM 标准编制，明确项目全生命周期应用 BIM 技术，并对 BIM 实施的过程与结果提出具体的技术应用要求与业务管控规范。在设计、施工合同招标文件中设置 BIM 技术应用专项条款，明确 BIM 应用范围和应用模式、组织方式、沟通机制、BIM 标准、成果交付要求、BIM 实施的考核管理办法，并定期开展月度综合检查与专项评审，确保后续各项 BIM 工作有序开展。

4.2　招标投标管理应用

4.2.1　概述

BIM 招标投标管理应用主要包括：各阶段 BIM 的招标文件编制、投标文件评审、合同文件相关条款编制等内容，通过一系列策划形成最终的合同文件相关条款作为后期各参建方 BIM 实施要求和履约评价依据。

4.2.2 基础数据和资料

1 工程概况（包括工程名称、建筑规模、结构类型和层数、项目建设期、项目总进度计划等）。

2 各阶段 BIM 应用需求。

3 招标投标相关规定文件。

4 其他工程相关资料。

4.2.3 实施流程

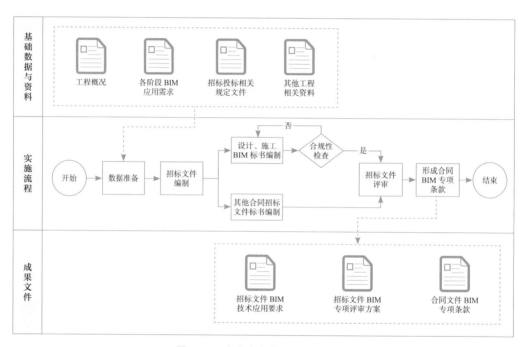

图 4.2.3　招标投标管理实施流程图

4.2.4 实施细则

1 建设单位应在招标文件中设置 BIM 技术应用要求的章节。结合项目实际的应用需求，在招标文件的技术要求及商务要求中明确 BIM 技术应用和管理的相关内容。

2 技术要求应包括下列内容：

1）BIM 实施目标、应用范围、深度和成果交付要求；

2）明确的 BIM 应用模式，BIM 团队和人员要求，BIM 信息化运行环境要求及履约评价条款；

3）投标单位 BIM 能力展示要求，宜包含但不限于 BIM 实施方案、模型创建、模型应用等；

4）设计服务合同招标文件中应包含 BIM 实施方案、BIM 辅助报概报建应用、设计 BIM、设计 BIM 视点、漫游动画、设计 BIM 评价要点等内容要求，并满足《房屋建筑工程招标投标建筑信息模型技术应用标准》SJG 58—2019 的规定；设计单位应在主体工程施工许可环节、消防设计审查等环节按照《深圳市建筑工程信息模型（BIM）建模手册（试行版）》创建 BIM，设计完成后使用 SZ-IFC 报建自检工具进行模型自检，最后将自检通过的模型转换上传至深圳市勘察设计管理系统指定位置，由建设单位检查确认后为模型数据导入可视化城市空间数字平台预留接口，并满足后期城建档案管理部门接收建设工程档案时的归档模型要求；

5）施工合同招标文件中应包含 BIM 实施方案、施工 BIM、场地布置模型、进度计划图、施工 BIM 评价要点等内容要求，宜包含 4D BIM 和 5D BIM 相关内容、工艺工法动画视频等，并满足《房屋建筑工程招标投标建筑信息模型技术应用标准》SJG 58—2019 的规定；建设单位应组织施工单位按照《深圳市建筑工程信息模型（BIM）建模手册（试行版）》完成 BIM 创建后，在竣工联合验收环节使用 SZ-IFC 报建自检工具进行模型自检，并将自检通过的模型转换上传至深圳市建设工程竣工联合验收管理系统指定位置，并由建设单位检查确认完成；

6）运维服务相关合同招标文件中宜包含运维管理策划方案、基于 BIM 的运维管理系统搭建、运维模型应用等内容要求；其他服务合同招标文件中 BIM 专项条款可参照本指南执行。

3 商务要求应包括下列内容：BIM 专项服务报价清单、投标单位 BIM 应用的相关业绩和 BIM 实施团队的成员组成。

4 设计合同投标单位应编制设计 BIM 标书，并导入到投标文件编制系统，通过系统自动进行的合规性检查后，添加数字签名，生成设计 BIM 标书；施工合同投标单位应编制施工 BIM 标书，并导入到投标文件编制系统，通过系统自动进行的合规性检查后，添加数字签名，生成施工 BIM 标书；设计 BIM 标书和设计 BIM 标书、施工 BIM 标书和施工 BIM 标书应符合《深圳市房屋建筑工程招标投标建筑信息模型技术应用标准》SJG 58—2019 的规定。

5 投标文件评审专家组中应包含能够进行 BIM 专项评审的专家，评审范围应包含技术评审和商务评审。BIM 评审专家应利用 BIM 电子招标投标系统辅助设计的 BIM 评标功能，依据招标文件中规定的 BIM 评审要点，分别查看和评审设计、施工

BIM 标书，定标委员会成员可在评标结果的基础上，在 BIM 电子招标投标系统中查看设计、施工 BIM 标书，辅助定标决策。BIM 电子招标投标系统的功能应满足《深圳市房屋建筑工程招标投标建筑信息模型技术应用标准》SJG 58—2019 的规定。

6　技术评审应包括下列内容：

1）投标技术文件是否响应招标文件的 BIM 应用要求；

2）BIM 策划方案或 BIM 实施方案中的组织结构、资源配置、实施目标、协同机制，以及 BIM 应用成果交付标准及管理、工作进度计划、保障措施是否合理；

3）是否针对项目重难点提出 BIM 解决方案，是否充分展示 BIM 技术能力。

7　商务评审应包括下列内容

1）BIM 专项服务的内容和格式是否符合招标文件的要求；

2）BIM 专项服务报价是否合理有效；

3）投标单位的 BIM 项目业绩是否符合招标文件要求。

8　合同条款编制：合同文件中应包含 BIM 实施范围、服务内容、项目进度、团队组成、成果交付、成果所有权和使用权归属、数据安全及合同款支付节点等 BIM 专项条款。

4.2.5　成果文件

1　招标文件 BIM 技术应用要求。

2　投标文件 BIM 专项评审方案。

3　合同文件 BIM 专项条款。

4.2.6　应用价值

1　通过投标方案响应招标要求，通过合同明确各方权责。关联整体信息，使投标方案更清晰、全面，集成化三维展示投标模型，以三维模型为载体关联进度计划、场地布置、资金资源计划、清单报价及费用构成等信息，使投标方案各部分内容形成一个有机整体，改变了传统技术标和商务标脱离的状况，实现传统技术标和商务标的一体化评审，使投标方案更直观、清晰、全面，使不同方案比对更科学、便捷，有效提高了评标效率。

2　高效协同。BIM 招标投标应用可以帮助投标人更深入地了解项目需求，进一步提升招标和投标主体之间的数据交换和协同工作效率。

3　响应监管要求，快速报批报建。深入推进基于 BIM 的报批报建、招标投标、辅助施工图审查、辅助工程量统计等，以数字化创新能力和技术赋能效应响应政府审批监管要求。

4.3　BIM 协同管理

4.3.1　概述

BIM 协同管理是基于协同管理平台，以 BIM 和互联网的数字化远程同步功能为基础，以项目建设过程中采集的工程进度、质量、成本、安全等动态数据为驱动，实现建设各参与方协同管理的过程。BIM 协同管理涵盖业主协同管理、设计协同管理和施工协同管理三个范畴。

业主协同管理应由建设单位主导，包含多阶段、多参与方、多方位的项目管理工具。建设单位依托协同管理平台进行透明化、可视化、协同化、集成化的项目管控，实现对各参与方的信息查询与共享、信息反馈与沟通。

设计协同管理应由设计单位主导，是面向设计单位的设计过程管理和工程设计数据管理，为设计阶段内部各专业提供协同工作环境，提高设计质量，并为业主协同管理提供外部接口。

施工协同管理应由施工单位主导，是面向施工单位的施工过程管理和施工数据管理，为施工阶段内部各单位各专业提供协同工作环境，推动施工过程降本增效，并为业主协同管理提供外部接口。

本章节将围绕业主协同管理展开，重点描述其应用，业主协同管理应与建设单位的主要管理维度和目标相对应，围绕建设单位管理目标来确定协同管理内容。主要功能包括进度管理、成本管理、资料管理、质量管理、安全管理等。

4.3.2　基础数据和资料

1　《BIM 实施策划方案》。
2　BIM 业主协同管理实施细则。
3　各参与方人员通信录。
4　BIM 业主协同管理平台培训资料。

4.3.3 实施流程

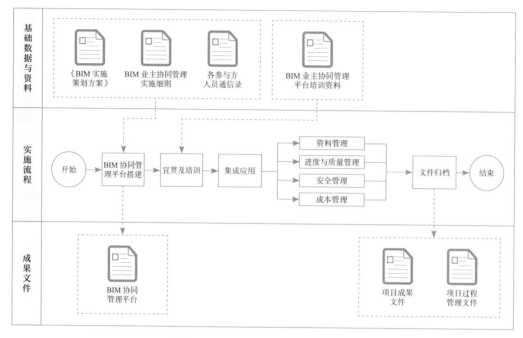

图 4.3.3　BIM 协同管理实施流程图

4.3.4 实施细则

1 软硬件配置。建设单位应监督各参建方根据合同要求、项目的实际规模和各自角色，配置相应的操作软件、硬件；操作软件应包括模型创建类软件、分析模拟类软件、渲染类软件和管理类软件，软件间应考虑数据交互与协同的要求，各阶段的 BIM 均需符合深圳市《建筑信息模型数据存储标准》SJG 114—2022。

2 网络及安全要求。各参与方的网络环境配置应满足工程项目 BIM 应用的实际需要，各阶段 BIM 需符合深圳市《建筑信息模型数据存储标准》SJG 114—2022，并建立项目数据安全管理机制，涉及信息安全保密问题的，必须满足国家相关法规要求。

3 协同管理平台建设。应由参建各方联合组成 BIM 总协调方，根据项目的实际需求、建设单位协同管理的要点及要求，进行平台架构的搭建，根据各参与方的职责对其进行权限分配，制定统一的建设单位协同管理标准及多方协同机制，保证项目平台的正常运作，并对各参与方进行宣贯及培训。

4 资料管理。应积极推进协同管理平台的应用和落实，资料管理包含项目建设全过程的往来文件、图纸、合同、各阶段 BIM 应用成果等资料的收集、存储、提取及审阅等功能，以便于建设单位及时掌握项目投资成本、工程进展、建设质量等。

5 进度与质量管理。应及时采集工程项目实际进度信息，并与项目计划进度对比，动态跟踪与分析项目的进展情况，同时对该项目各参与方所提交的阶段性或重要节点的成果文件进行检查与监督，严格管控项目设计质量和施工进度、质量等，从而有效缩短项目整体建设周期，严格控制项目建设质量。

6 安全管理。应对接施工现场的监控系统，查看现场施工照片和监控视频，及时掌握项目的实际施工动态。同时，应通过嘉奖的方式促进项目建设参与方之间的信息交流、共享与传递及信息的发布，当建设单位发现施工现场存在的施工安全隐患时，应及时发布安全公告信息，对现场施工行为进行有效的监督与管理。

7 成本管理。将项目的建筑信息模型与工程造价信息进行关联，有效集成项目实际工程量、工程进度计划、工程实际成本等信息，方便建设单位能够进行动态的成本核算，及时控制工程的实际投资成本，掌握动态的合同款支付情况以及实际的工程进展情况，确保项目能够在核准的预算时间内完成既定目标，提升建设单位对该项目的成本控制能力与管理水平。

4.3.5 成果文件

1 BIM 协同管理平台。

2 项目成果文件（设计图纸、BIM 成果文件、施工方案等）。

3 项目过程管理文件（项目进度计划、项目质量管理、项目安全管理、项目变更管理、项目汇报资料、项目总结、修改意见、审核记录、分析报告、会议纪要、往来函件等）。

4.3.6 应用价值

1 通过 BIM 业主协同管理，能改善目前建设单位在项目管理上存在的工作界面复杂、与项目参与方信息不对称、建设进度管控困难等一系列问题，为建设单位的项目协调管理、信息交互流程管控提供较好的管理工具，从而提高建设单位的建设管理水平。

2 业主协同管理通过 BIM 与进度管理、成本管理、资料管理、质量管理、安全管理等方面的集成应用，以现代信息技术为依托，保障全过程的数据协同与共享，沉淀工程建设数据资产，实现建设单位在管理层面的价值最大化。

4.3.7 项目案例

罗湖"二线插花地"棚户区改造项目部署统一的 BIM 协同管理平台,为各参建方提供协同工作条件,基于协同管理平台实现 BIM 轻量化渲染、资料共享、质量管理、安全管理、进度管理、变更管理、支付管理等工作。在平台搭建之后,对各参与方进行培训和交底,明确各方在平台中的工作内容与权限,通过搭建统一的协同管理平台,为项目提供生产提效、管理有序、成本节约、风险可控的数字化解决方案,全方位打造智能化、信息化工地。

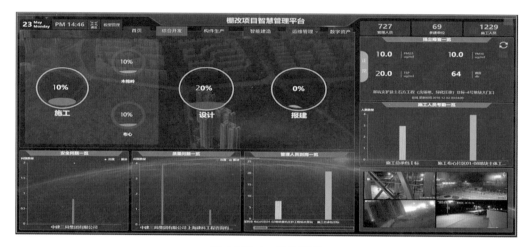

图 4.3.7-1　平台总览

图 4.3.7-2　模型轻量化渲染

4.4　各阶段实施方案评审

4.4.1　概述

实施方案评审由建设单位组织，主要包括设计阶段《BIM 实施方案》评审、施工阶段《BIM 实施方案》评审和运维阶段《BIM 实施方案》评审等。评审意见应作为各参建方 BIM 实施和建设单位 BIM 审查验收的依据。

4.4.2　基础数据和资料

1　合同文件要求（如勘察合同、设计合同、施工合同、运维服务合同等）。

2　《BIM 实施策划方案》。

3　进度计划。

4.4.3　实施流程

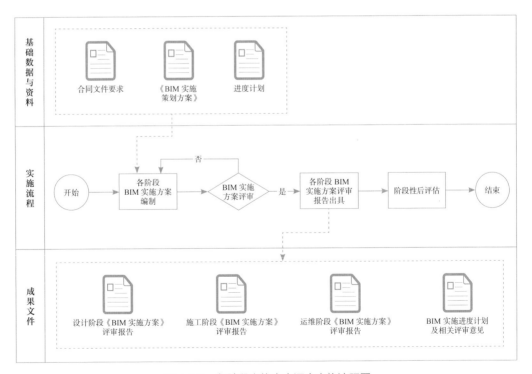

图 4.4.3　各阶段实施方案评审实施流程图

4.4.4 实施细则

1 收集数据，并确保其准确性。

2 设计单位、施工单位、运维单位等在 BIM 实施前，分别编制完成各阶段《BIM 实施方案》。《BIM 实施方案》内容应包括本阶段 BIM 实施的目标、团队组织架构、软硬件环境、BIM 应用点、模型深度要求、进度计划、BIM 交付成果清单、协同方法和保障措施以及与下一阶段的对接等。

3 各阶段《BIM 实施方案》编制完成后，建设单位应对设计阶段《BIM 实施方案》、施工阶段《BIM 实施方案》和运维阶段《BIM 实施方案》等分别组织内部评审，评审要点主要包括目标合理性、方案完整性、措施可行性等内容。评审意见应作为各参建方 BIM 实施和建设单位 BIM 审查验收的依据。

4 各阶段《BIM 实施方案》执行过程中，建设单位可阶段性组织相关参建方对《BIM 实施方案》进行后评估，分析 BIM 实施目标、实施质量、进度计划偏离情况，总结经验教训，为后续 BIM 实施工作的推进提出调整建议。

4.4.5 成果文件

1 设计阶段《BIM 实施方案》评审报告。

2 施工阶段《BIM 实施方案》评审报告。

3 运维阶段《BIM 实施方案》评审报告。

4 BIM 实施进度计划及相关评审意见。

4.4.6 应用价值

1 实施方案评审是对各阶段 BIM 实施情况的一种评估手段，检验各参建方《BIM 实施方案》与策划方案目标的一致性，发现问题并使其得到相应的优化改进。

2 评估各参建方 BIM 实施进度计划的可行性、成果交付清单的完整性、实施资源投入情况的合理性并进行阶段性调整，确保满足项目需求。

3 评审通过的各阶段《BIM 实施方案》作为各参建方 BIM 实施质量管控和建设单位 BIM 审查验收的依据。

4.5 BIM 实施履约评价

4.5.1 概述

履约评价作为建设单位管控各参建方 BIM 实施过程和成果的重要方式，建设单位应在各阶段工作完成后，组织对本阶段参建单位 BIM 实施情况进行履约评价。各参建方的履约评价结果可用于合同进度款支付、供应商管理等。

4.5.2 基础数据和资料

1 合同文件要求（如勘察合同、设计合同、施工合同、运维服务合同等）。

2 《BIM 实施策划方案》。

3 设计阶段《BIM 实施方案》、施工阶段《BIM 实施方案》和运维阶段《BIM 实施方案》等。

4 BIM 实施进度计划。

5 各阶段 BIM 成果文件及审核意见。

6 阶段性考核意见。

4.5.3 实施流程

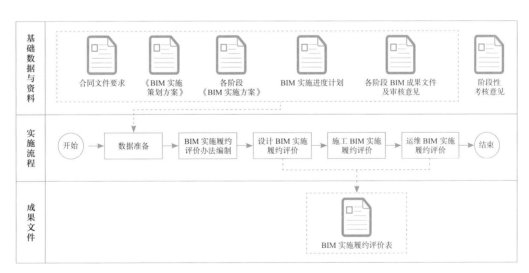

图 4.5.3 BIM 实施履约评价实施流程图

4.5.4 实施细则

1 收集履约数据，并确保其准确性。

2 建设单位宜在各项服务合同中列明履约评价办法，并组织制定各参建方 BIM 实施履约评价办法，BIM 实施履约评价结果宜作为 BIM 服务合同付款依据之一。履约评价宜包括 BIM 实施方案、BIM 实施团队、资源配置、BIM、BIM 成果交付、BIM 应用情况、计划执行情况、工作配合度等专项考核内容。

3 建设单位可依据服务合同，于每月度、季度末或关键节点对被评价单位定期进行阶段性履约评价，并在勘察阶段、设计阶段、施工阶段、运维阶段等各阶段工作完成后分别对各参建方 BIM 实施情况开展末次履约评价。

4.5.5 成果文件

BIM 实施履约评价表。

4.5.6 应用价值

1 履约评价有利于建立和完善企业供应商库，通过对供应商库企业分级、分类，能够筛选掉没有 BIM 技术实力和履约能力的企业，也能够有效避免 BIM 服务的恶意、无序竞争。

2 履约评价结果作为 BIM 实施过程管理、结果管理的重要手段，有利于提高 BIM 专项服务质量，有效遏制消极怠工等常见履约问题，同时作为合同进度款、结算款的支付依据。

5 岩土工程勘察阶段

岩土工程勘察阶段的 BIM 应用主要内容是利用 BIM 技术对项目的岩土条件及属性进行可视化表达及数值模拟分析。利用 BIM 软件建立岩土工程信息模型，从而实现岩土工程的各相关方之间的协同工作、数据共享。岩土工程勘察 BIM 主要包括地表三维模型、地下管线和建（构）筑物模型以及地质模型，其应用包括但不限于场地环境仿真分析、地下管线及建（构）筑物分析、地质条件分析、岩土工程设计及优化、岩土工程施工模拟等。

在勘察阶段，BIM 技术应用可分别应用于可行性勘察阶段、初步勘察阶段、详细勘察阶段及施工勘察阶段，分别为方案设计阶段、初步设计阶段、施工图设计阶段及施工阶段提供应用服务。各阶段的模型精度与属性要求应满足深圳市《建筑工程信息模型设计交付标准》SJG 76—2020 的要求及相应勘察目的。

勘察阶段的 BIM 应用应建立统一数据格式标准和数据交换标准，实现信息的有效传递。数据格式应具有良好的开放性，可以导入、导出 BIM 标准规定的多种格式文件，能够实时输出工程量、结构构件、岩土工程设计参数等各种明细表，应能够实现与设计、施工等上下游专业之间的数据的互联互通。

5.1   场地环境仿真分析

5.1.1 概述

场地环境仿真分析能直观反映地物的外观、位置、高度等属性，有利于全面了解工程建设场地及周边的环境，便于更加准确地进行建设场地可行性研究与方案设计，提高规划设计的科学性与规划管理的效率。场地环境仿真分析可应用于项目建议书、可行性研究、场地选址、建筑设计规划、建筑设计、城市展示、智慧城市管理、建筑施工协同管理等，为高效决策提供数据基础。

5.1.2 基础数据与资料

1   地形地物特征信息（包含地形、建筑属性、道路性质、架空管线、交通设施、GIS 数据等）。

2   场地范围红线。

3   坐标系统及高程系统（包括相关控制点资料）。

4   航空摄影测量相关规范。

5   三维实景建模规范标准。

5.1.3 实施流程

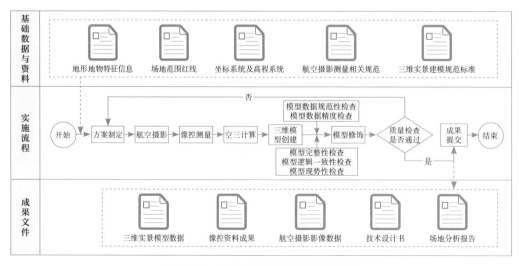

图 5.1.3   场地环境仿真分析实施流程图

5.1.4 实施细则

1 收集、准备基础数据与资料。包括地形地物特征信息，场地范围红线，坐标系统及高程系统；应统一采用 2000 国家大地坐标系和 1985 国家高程基准，各参建方应负责相应的坐标系、高程设置和转换工作，确保一致性和准确性。

2 制订倾斜摄影作业方案。包括采用的技术标准，精度要求，野外航空摄影的路线规划，像控点选取，倾斜摄影测量计算，外业调绘补测，数据整理与三维模型建立等内容。

3 野外航空摄影及像控测量。野外航空摄影前应取得场地的空域航拍许可，选用合格的飞行及摄影设备，按规划的飞行路线进行野外航空摄影，并选取合理的像控点进行测量。

4 空中三角测量计算。根据航拍相片上量测的像控点坐标和少量的地面控制点，采用较严密的数学公式，按最小二乘法原理，用数字电子计算机计算待定点的平面坐标与高程。

5 三维实景模型创建。根据野外航空摄影图像及空中三角测量计算的各点平面坐标与高程，建立场地初步的三维实景模型。

6 三维实景模型检查与模型修饰。对初步的三维实景模型进行细部检查和纹理修饰，得到最终的三维实景模型。

7 质量检查。质量检查时应充分了解所用的技术以及验收标准，制定并实施多级检核制度，层层把关，及时发现并处理模型中存在的问题，必要时应进行补测。

8 成果提交。

9 场地环境仿真分析具有时效性，当勘察与施工阶段时间间隔较长或场地环境变化较大时，应进行修测或重测，更新三维实景模型，保证场地环境仿真分析的真实度。

5.1.5 成果文件

1 三维实景模型数据。

2 像控资料成果。

3 航空摄影影像数据。

4 技术设计书。

5 场地分析报告。

5.1.6 应用价值

1 场地环境仿真分析效果逼真、要素全面，而且具有测量精度，是现实世界的仿真还原，能直观反映地物的外观、位置、高度等属性，提高规划设计的科学性与规划管理的效率。

2 场地环境仿真分析有利于全面了解工程建设场地及周边的环境，便于更加准确地进行建设场地可行性研究与方案设计，有效避免重建工作、缩短建设时间。

5.1.7 项目案例

盐田—坝岗高速市政化改造项目西起大梅沙隧道，东至深圳惠州边界，长约26.7km，途经大梅沙、小梅沙、溪涌、土洋、葵涌、坝光等片区。该项目为高速公路市政化改造工程，即将现状为双向 6 车道高速公路改造为城市快速路，并在道路沿线各片区设置辅路，实现对沿线区域的交通服务。在沿线设置 4 座立交桥，分别为小梅沙立交桥、溪涌立交桥、葵涌立交桥、坝光南立交桥。一期先行改造大梅沙立交桥、小梅沙立交桥和葵涌立交桥。

该项目建立地表三维信息模型，应用于场地环境仿真分析。基于模型对项目周边地形地貌、建构筑物、现有道路等状况进行分析，为规划方案提供基础数据。对拟建场地内需要拆迁的建构筑物进行空间三维尺寸分析，估算拆迁工程量，做好拆迁方案设计等。

图 5.1.7-1　场地仿真环境模型查看分析

图 5.1.7-2 拟拆迁建筑物分析

5.2 地下管线及构筑物分析

5.2.1 概述

地下管线及构筑物 BIM 具备三维可视化、编辑、统计以及协同作业等功能，包含完整的属性信息，并能够与其他专业 BIM 集成应用，可实现从管线规划、设计、施工、运维到更新的全生命周期管理。避免了二维管线图纸沟通效率低、无法实现全局分析且经常出现成果误读的缺点。

地下管线及构筑物 BIM 宜建立管道与管件及附属物模型构件库。三维地下管线模型构件的材质以及颜色分类应符合相关规定，确保管道与管件及附属物模型构件库的正确性。

5.2.2 基础数据与资料

1 场地地下管线资料。

2 场地范围红线。

3 物探管线成果表。

4 管线图。

5.2.3 实施流程

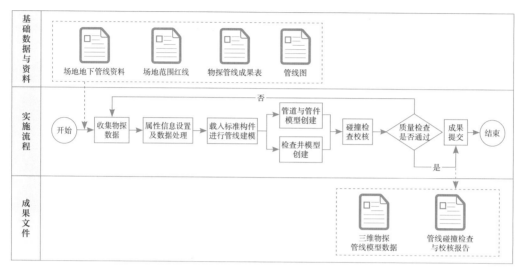

图 5.2.3   地下管线及构筑物分析实施流程图

5.2.4 实施细则

1   收集、准备基础数据与资料。

2   管线属性信息设置及数据处理。按要求进行数据处理，满足建模程序的要求。

3   载入标准构件，创建三维地下管线模型，包括管道与管件模型、检查井模型。

4   碰撞检查，数据复核。对三维地下管线及构筑物模型进行三维空间碰撞检查，以确定管线及构筑物的空间位置、逻辑连接关系的正确性及可用性。当出现碰撞点时，应复核数据的准确性；必要时应补测地下管线及构筑物，重新建模，再次进行碰撞检查，数据复核，直至检查通过。

5   质量检查（含开挖验证）。对场地地下管线及构筑物模型进行质量检查，并按规范要求抽取一定比例进行现场开挖验证。

6   在出成果前，应对地下管线的敏感数据进行脱敏处理，脱敏的基本原则为保持原有数据特征。在项目施工前，应复核地下管线的现势性，如有新建管线或改迁的管线，应进行修测，并完善三维地下管线及构筑物模型。

7   成果提交。

5.2.5 成果文件

1　三维物探管线模型数据。

2　管线碰撞检查与校核报告。

5.2.6 应用价值

1　三维地下管线及构筑物分析在属性数据的管理、三维可视化表达以及协同作业等方面具有明显优势，可实现从管线规划、设计、迁改、施工、运维到更新的全生命周期管理。

2　根据三维地下管线及构筑物模型进行的三维空间碰撞检查、全局分析、三维校审，规划设计可得到最优的管线规划方案、管线迁改方案。

3　利用三维地下管线及构筑物模型，对勘探孔进行碰撞检查，避免破坏地下管线及构筑物，设计优化钻探方案，设置管线保护措施。

5.2.7 项目案例

盐田—坝岗高速市政化改造项目葵涌立交建立了管线三维信息模型，用于查看地下管线几何、材料、功能等属性信息，为管线保护、管线规划提供了基础数据。通过进行地下管线碰撞试验，检查复核了地下管线信息的准确性，为管线迁改或设计避让等方案提供了依据，为管线附近工程钻探安全提供了保障。

图 5.2.7-1　地下管线信息查看

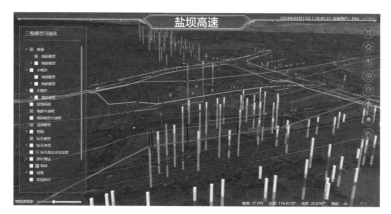

图 5.2.7-2　地下管线碰撞及钻探安全分析

5.3　地质条件评价

5.3.1　概述

地质条件评价是在三维地质模型的基础上，通过可视化三维地层结构、构造、地下水、岩土参数等数据场，确定上部结构的基础形式和基础持力层，对地基处理、地基变形、结构抗震、基坑和边坡支护方案等进行比选和分析。

三维地质模型应支持查询地层主要岩土物理力学性质参数代表值、岩土设计与施工参数建议值、原位测试与土工试验成果统计表等，以便为相关专业的基础设计与施工提供数据支持。三维地质模型应支持在任意指定位置获取工程地质柱状图，支持在任意方向剖切并输出二维图件，还应支持查询或下载勘察文字报告、表格、图件。

鉴于三维地质建模技术可能存在与实际土层分布差异较大的情况，建模系统应具有人工交互调整岩土体界面形状的功能。

5.3.2　基础数据与资料

1　勘察任务书。

2　勘察纲要。

3　区域地质资料。

4　勘察数据库。

5.3.3 实施流程

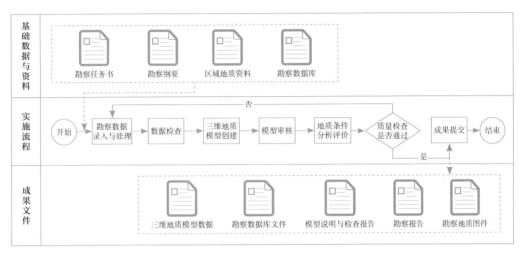

图 5.3.3　地质条件评价实施流程图

5.3.4 实施细则

1　收集、准备基础数据与资料。

2　勘察数据处理与数据检查。建模前应对数据进行处理和检查，确保数据的准确性、完整性、有效性；三维地质模型应建立区域统一的标准地层，宜采用《深圳市岩土工程勘察报告数字化规范》SJG 36—2017。标准地层应包含地层名称、时代成因、地层编号、地层时代、成因类型、岩土名称、风化程度、地层描述等信息，作为三维地质模型建模基础。三维地质模型的标准地层宜建立颜色体系，采用 RGB 模式对不同地层进行区分。

3　创建三维地质模型。建模范围应以用地红线为边界，如果红线范围外存在对工程有影响的不良地质作用或既有建（构）筑物、地下管线等，应适度扩大其建模范围，为工程设计、治理等提供依据。红线范围外或没有勘探孔的位置的地质模型，应由勘察技术负责人根据收集的资料、场地已有的勘探孔资料及专业地质理论进行虚拟钻孔或地层，进行地质模型创建。对于夹层、透镜体、孤石等非成层的岩土体，应在成层分布的岩土材料已形成三维可视化信息模型的基础上，利用布尔运算（一种数字符号化的逻辑推演法，包括联合、相交、相减。在图形处理操作中引用了这种逻辑运算方法以使简单的基本图形组合产生新的形体，并由二维布尔运算发展到三维图形的布尔运算）将非成层区域引入信息模型。

4 模型审核。三维地质模型创建后，应由勘察专业技术人员对地质模型及其属性进行审核，确保地质模型及其属性符合地质理论且与实际地质情况相符。

5 地质条件分析评价。分析基坑开挖范围内的土石情况，计算土石方量及土石比；分析基坑侧壁土质情况及地下水情况，为基坑支护及截水方案提供依据；分析基底地质情况，为地基基础选型、桩基成桩工艺、成桩可行性分析提供依据等。

6 质量检查。校验模型准确性、完整性、模型深度、基本功能是否满足要求。

5.3.5 成果文件

1 三维地质模型数据。

2 勘察数据库文件。

3 模型说明与检查报告。

4 勘察报告。

5 勘察地质图件。

5.3.6 应用价值

1 基于三维地质模型的地质条件评价，可直观地展示工程建设场地特殊性岩土、不良地质条件与地质灾害，进行地基基础方案对比分析、基坑支护设计方案对比分析、施工方案对比分析等，合理选择相关岩土工程参数和数值分析模型，提高岩土工程设计的可靠性。

2 三维地质模型准确客观地反映了研究区域内的地层、地质条件，能够为全面分析研究区域工程地质条件可能引起的工程潜在风险提出设计和施工风险管控措施并提供科学的决策依据。

3 勘察 BIM 可有效降低项目施工图设计过程中因地质问题可能产生的方案变更，更好地提高施工图设计效率，保证项目施工进度计划的顺利高效实施。

5.3.7 项目案例

盐田—坝岗高速市政化改造项目葵涌立交建立了三维地质模型。基于模型，可快速查看钻孔信息，查看各钻孔揭露的地层、分布厚度以及各地层的设计参数等信息，可随时查看钻孔连线剖面及其入库保存图，任意剖切地质体、生成剖切面，并可在地质体三维信息模型上进行三维切割，查看工程沿线的地质情况，对地质条件进行评价，为工程提出建议。

图 5.3.7-1　三维地质模型剖切

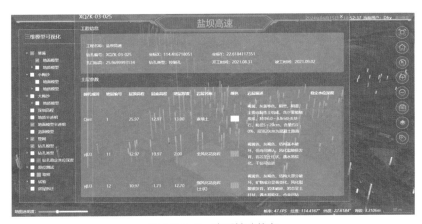

图 5.3.7-2　查看钻孔信息

5.4　岩土工程设计及优化

5.4.1　概述

岩土工程设计模型是在三维实景模型、三维地下管线及构筑物模型、三维地质模型基础上进行设计及优化形成的，主要包括基坑支护模型及边坡支护模型。

岩土工程设计模型应能按照岩土分析软件的实际需要转化为力学模型，并能在计算分析软件或模块中进行结构计算分析以验证基坑支护结构的可靠性和稳定性。岩土工程设计模型应支持任意方向的剖切，输出施工图件，可统计支护工程量，包括土石方开挖量、混凝土用量、钢筋用量、模板用量等。岩土工程设计模型应支持进行施工方案动态模拟，生成漫游视频。

应在实现岩土工程勘察数据可视化的基础上，建立相应的岩土工程设计专业构件库。开发基于 BIM 应用平台的现有设计、计算软件数据接口，实现岩土工程的全程无缝连接和任意点岩土工程数据的自动提取和计算。

5.4.2 基础数据与资料

1 三维实景模型。

2 三维地下管线模型。

3 三维地质模型。

4 建筑结构基础信息。

5.4.3 实施流程

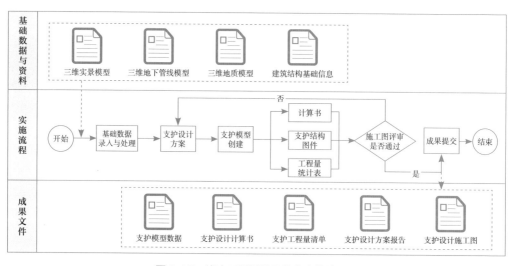

图 5.4.3　岩土工程设计及优化实施流程图

5.4.4 实施细则

1 收集、准备基础数据与资料。

2 基础数据录入与处理。在三维实景模型、三维地下管线模型、三维地质模型基础上，录入建筑结构基础信息，并进行数据检查与处理。

3 支护方案设计。根据三维实景模型的场地周边环境、三维地下管线模型的管线空间分布、三维地质模型的地层分布及参数，进行基坑支护或边坡支护方案设计。

4 创建支护模型。根据基坑支护或边坡支护方案，在三维实景模型、三维地下管线模型、三维地质模型基础上，创建基坑支护或边坡支护模型。

5 支护模型计算分析。将此BIM按照结构分析软件的实际需要转化为力学模型，用于设计结构分析，生成设计计算书、支护结构图件、工程量统计表。

6 施工图评审。按地方要求对支护施工图进行专家评审，并按要求修改模型，并重新成图。

5.4.5 成果文件

1 支护模型数据。
2 支护设计计算书。
3 支护工程量清单。
4 支护设计方案报告。
5 支护设计施工图。

5.4.6 应用价值

1 岩土工程设计及优化应用在已建立的实景模型、地下管线及构筑物模型、地质模型基础上，按照设计开挖方案模拟基坑或边坡的开挖过程，验证基坑或边坡设计的可行性，提高开挖方案的有效性和岩土工程施工的效率，降低施工风险。

2 岩土工程设计及优化应用实现基于BIM的支护结构设计分析，可以减少设计重复建模、提高设计效率、提高BIM设计价值，为BIM正向设计奠定坚实基础。

5.4.7 项目案例

深圳湾文化广场A地块项目基坑支护工程位于深圳市南山区登良路西侧，科苑南路东侧，项目总建筑面积18.8万 m^2，总用地面积5.09万 m^2，其中A地块总建筑面积12万 m^2，基坑深度18.5m。

该项目体量大、基坑开挖深度深，且周边环境复杂、施工难度大。本项目应用BIM建模技术，为基坑支护设计提供可视化模型。根据周边环境要求及地质条件，将基坑支护分为4个区，分别采用咬合桩和地下连续墙两种不同的设计方案，水平支撑体系采用3道（局部4道）内支撑，双管旋喷桩止水。

图 5.4.7-1 基坑支护设计方案

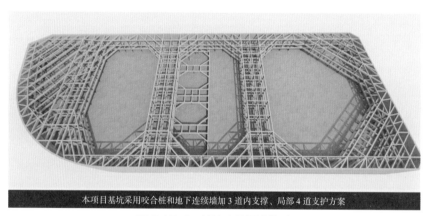

图 5.4.7-2 基坑支护设计模型

图 5.4.7-3 地下连续墙支护模型

5.5　岩土工程施工模拟

5.5.1　概述

岩土工程施工模拟是在岩土工程设计模型的基础上附加施工组织中的工序安排、资源配置、平面布置、进度计划等信息，进行施工过程的可视化模拟，是在支护设计模型和施工图、施工组织设计文档等基础上创建施工组织模型，并应将工序安排、资源配置和平面布置等信息与模型关联，输出施工进度、资源配置等计划，指导和支持模型、视频、说明文档等成果的制作与方案交底。

岩土工程施工模拟包括基坑支护结构施工、边坡支护结构施工、土方开挖等。岩土工程施工模拟用于指导施工，能够真实地反映施工现状，如构件的拆分、施工段的划分等。除了包含建筑实体模型外，还包含施工机械、临时设施等施工过程要素模型。

5.5.2　基础数据与资料

1　支护设计模型。

2　支护施工图件。

3　施工组织设计方案。

5.5.3　实施流程

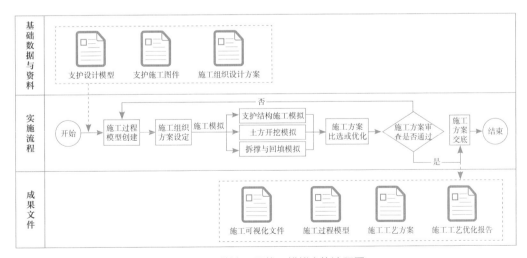

图 5.5.3　岩土工程施工模拟实施流程图

5.5.4 实施细则

1 收集、准备基础数据与资料。

2 创建施工措施模型。在上述模型基础上，根据施工方案创建支护结构及土方开挖的设备、材料及其他措施模型。

3 施工组织方案设计。在实景模型、地下管线模型、地质模型、支护设计模型、施工措施模型基础上，统筹安排施工工序、资源配置和平面布置、进度计划等。

4 施工模拟。包括支护结构施工模拟、土方开挖模拟、拆撑与回填模拟。基于上述三维模型创建施工组织模型，并将工序安排、资源配置和平面布置等信息与模型关联，输出施工进度、资源配置等计划，指导和支持模型、视频、说明文档等成果的制作和方案交底。

5 施工方案比选或优化。根据施工过程模拟，对施工组织方案进行优化设计，并落实具体的分部分项施工方案。

6 施工方案评审。按地方要求对施工组织方案进行专家评审，并按要求修改模型。

7 施工方案交底、成果提交。

5.5.5 成果文件

1 施工可视化文件。

2 施工过程模型。

3 施工工艺方案。

4 施工工艺优化报告。

5.5.6 应用价值

1 岩土工程施工模拟的主要价值体现在工艺、工序的模拟前置，有效表达工艺、工序的合理性，达到对施工方案的虚拟校审，为施工方案提出有的放矢的优化建议。

2 岩土工程施工模拟多以施工方案动画为主，凭借动画软件进行方案模型及动画制作，搭配专业配音完成，能够直观体现施工方案要素。

5.5.7 项目案例

深圳湾文化广场 A 地块项目基坑支护工程，利用 BIM 进行施工模拟，可以直观反馈施工问题，有助于项目团队制定切实可行的施工方案、指导施工过程的顺利进行。

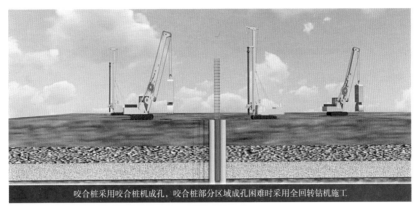

咬合桩采用咬合桩机成孔，咬合桩部分区域成孔困难时采用全回转钻机施工

图 5.5.7-1　咬合桩施工

图 5.5.7-2　地下连续墙施工

且内支撑应根据开挖进度随挖随施工，以保证施工效率

图 5.5.7-3　土方开挖

6 规划与方案阶段

规划与方案阶段主要是从建筑项目的需求出发，根据建筑项目的设计条件，研究分析形成满足建筑功能和性能的总体方案，并对建筑的总体方案进行初步的评价、优化和确定。

该阶段的 BIM 应用主要是利用 BIM 技术对项目的设计方案进行数字化仿真模拟表达以及对其可行性进行验证，对下一步深化工作进行推导和方案细化。利用 BIM 软件对建筑项目所处的场地环境进行必要的分析，如坡度、坡向、高程、纵横断面、填挖量、等高线、流域等，作为方案设计的依据。进一步利用 BIM 软件建立建筑模型，输入场地环境相应的信息，进而对建筑物的物理环境（如气候、风速、地表热辐射、采光、通风等）、出入口、人车流动、结构、节能排放等方面进行模拟分析，选择最优的工程设计方案。其中政府投资项目的方案设计阶段还应满足《政府投资公共建筑工程 BIM 实施指引》SJG 78—2020 的相关规定要求，其他类型项目可参照执行。

6.1 微环境分析

6.1.1 概述

BIM 应用下的微环境分析是以三维信息模型为根本，综合利用多种外部数据信息对规划方案的微环境进行模拟以及分析和评估，并在此基础上对结果进行修正，有效调控方案空间布局。规划微环境分析基本可以概括为建筑体量空间结构所形成的建筑微环境造成的人均舒适度感知，包括日照和采光、空气流动、可视度分析、热工分析、噪声分析等。

  BIM 微环境分析是在生态学和规划学的理论指导下，以 BIM 技术和 GIS 技术作为支撑，综合利用 BIM 的可计算化优势，模拟计算规划与方案阶段建筑空间布局微环境的生态指标，通过生态指标专题图、指标评估表、指标规范对照表等成果来评估规划方案对生态的影响，为后续阶段的方案评审、初步设计、施工图设计以及辅助决策提供信息化支撑手段。

6.1.2 基础数据与资料

  1 规划与方案阶段的初步方案。

  2 周边环境数据。

  3 气象数据。

  4 热负荷数据。

  5 噪声信息数据（包括噪声污染源以及交通噪声信息数据等）。

  6 其他相关资料。

6.1.3 实施流程

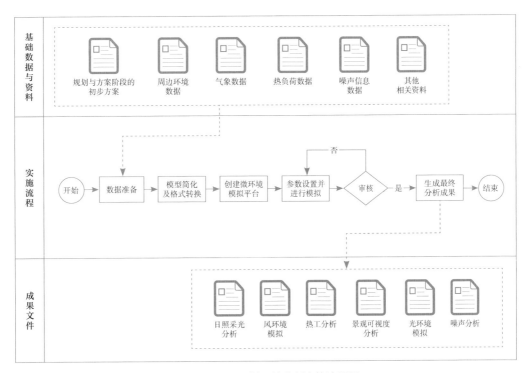

图 6.1.3　BIM 微环境分析实施流程图

6.1.4 实施细则

1 收集数据并确保其准确性。

2 将现有资料整合，进行适当的模型简化和格式转换，如将模型数据格式统一、建筑属性集成等，将外部气象数据进行参数化解译，并形成外部数据资料集，导入到模拟平台的模型库。

3 设置参数并通过数据计算得出模拟结果。

4 模拟结果输出。

5 根据数据成果，结合国家标准规范，总结分析数据体现的问题和结论，提出改进方案。

6.1.5 成果文件

1 日照采光分析。构建模型对各建筑立面的日照时间进行计算，对规划方案满窗条件下的日照情况进行分析，同时对建筑物的有效采光权进行分析，生成日照图以及指标表和视频，并输出 BIM、GBXML 以及 3DS 模型等。

2 风环境模拟。用 CFD（计算流体动力学，computational fluid dynamics）技术软件结合气象环境数据信息等对规划方案风环境进行模拟，通过模拟热岛效应以及风速流场云图等综合分析，对空间关系给出科学合理的布局建议，同时生成风速云图以及温度图和大气污染物沉降图等，输出相应的指标表。

3 热工分析。对区域范围内的日照下温度场云图进行模拟，对建筑物影响下的失热量进行分析，对建筑能耗进行科学预测，同时输出成果图以及指标表格和视频动画。

4 景观可视度分析。BIM 技术下实现空间可视度综合分析，基于遮挡分析对地标性建筑物的可视面积进行解析，同时输出指标图表。

5 光环境模拟。基于 BIM 分析自然光照下建筑空间内的天光照度，为照明系统布局给出合理建议，并且对各建筑立面采光权进行分析，输出建筑物表面的光污染数据信息。

6 噪声分析。模拟噪声源对建筑产生的不利影响，通过模拟确定噪声污染是否符合规范要求，同时输出噪声云图、影响视频以及表格等，应支持模型导入。

6.1.6 应用价值

1 BIM 微环境分析可以利用分析数据帮助业主选出利益最大化的决策方向，包括土地开发的必要性、不同地貌土地的适宜开发方向、不同地块的开发成本预判、划分近期和远期开发区域策略等。

2 BIM 微环境分析在项目前期的介入，以数字化模拟、数据管理应用等方式，减少了规划设计过程中较为模糊的经验决策部分。通过比较准确的数据分析成果进行规划决策，对于项目中期、后期的走向是有益的。

3 BIM 微环境分析可以更好地把控工程上的经济和人力投入，能够准确地评估、更快速且高质量地完成方案，便于管理者掌控整个项目。

6.2　规划条件分析

6.2.1 概述

BIM 规划条件分析是从多角度、全面、科学地分析项目规划方案，高质量地完成方案比选和优化工作，它不但能使日照、风环境等传统评价方式更加高效快捷，对于场地条件分析、公共服务设施配置、景观绿地建设、交通组织规划等也能够提供科学的分析处理。

BIM 规划条件分析能建构复杂而合理的形体模型，并能快速审视其效果，有助于方案推敲、方案比选，推敲出最佳方案。从空间协调的角度形成多维的空间分析技术，为方案优化和定量评价对技术经济指标的影响提供技术支撑，增强决策的科学性、合理性和可行性。

6.2.2 基础数据与资料

1 规划与方案阶段的初步方案。

2 上层次相关规划文件。

3 工程地质资料（地质构造、水文地质、地震状况）。

4 场地及周边现状管网数据。

5 场地及周边现状地形数据。

6 其他相关资料。

6.2.3 实施流程

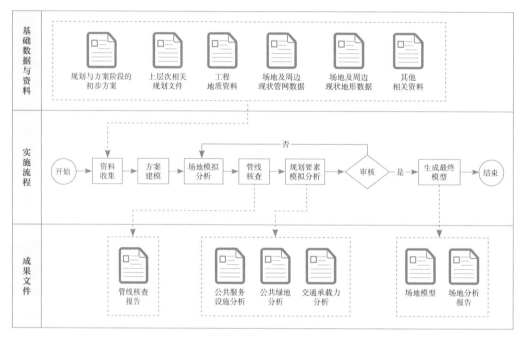

图 6.2.3　规划条件分析实施流程图

6.2.4 实施细则

1 收集数据，并确保其准确性。

2 通过检查数据对规划方案进行预处理，分析并选择合适的匹配单元进行特征匹配，生成三维尺度的模型成果。

3 模拟分析场地数据，如坡度、坡向、高程、纵横断面、填挖量、等高线等。

4 模拟分析公共服务设施指标、景观绿地效果、交通组织流线等。

5 通过可视化设计和协同设计检查建筑结构与设备之间、管线与设备之间、管线自身之间的碰撞问题。

6 评估规划方案的可行性并判断是否为最优方案。

7 模型移交至下一阶段。

6.2.5 成果文件

1　管线核查报告。利用 BIM 在空间上协调建筑物的设备系统与建筑、结构以及各类设备系统之间的布置关系，确保规划方案阶段没有存在错、漏、碰、缺现象，在 BIM 系统中完成碰撞检查，保证管线之间和下穿连通道之间的安全距离，从而确保方案的可实施性。

2　公共服务设施分析。运用 BIM 技术将区域内所有已有公共服务设施录入模型，结合各个区域的人口数据进行公共服务设施可达性分析和承载容量分析，量化分析区域内公共设施的服务缺口，从而确定目标项目配建需求，对方案提出合理的规划修改意见。

3　公共绿地分析。基于 BIM 的平台实现对区域公共绿地的统计分析，确定住区的绿地配置标准和最优布局模式。

4　交通承载力分析。利用 BIM 进行交通组织模拟，分析项目道路承载力和对项目居民的干扰程度，计算得出交通组织的最优方案。

5　场地模型。采用 BIM 与 GIS 的结合，快速调用场地周边城市环境，生成三维地形基础数据进行场地环境分析，自然生成适应场地环境的建筑形体。模型应体现坐标信息、各类控制线（用地红线、道路红线、建筑控制线）、原始地形表面、场地初步竖向方案、场地道路、场地范围内既有管网、场地周边主干道路、场地周边主管网、三维地质信息等。

6　场地分析报告。包括场地模型图像、场地分析结果以及对场地设计方案分析数据的对比。

6.2.6 应用价值

1　可以更好地进行方案推敲、方案比选，推敲出最佳建筑方案。

2　为建设项目提出空间构架设想、创意表达形式及结构方式的初步解决方案。

3　为初步设计阶段提供数据基础和指导性依据。

6.3   设计方案比选

6.3.1 概述

设计方案比选的主要目的是根据业主需求选出最佳的设计方案，为初步设计阶段提供对应的设计方案模型基础数据。通过构建整体模型或调整局部模型的方式，形成多个备选方案，让项目方案的各参与方可以利用 BIM 技术可视化的特性，在三维仿真场景进行讨论和决策，经过多轮方案比选、分析，得出最佳的设计方案。

6.3.2 基础数据与资料

1   最优性能分析方案的模型数据。
2   设计补充资料。
3   方案比选调整意见。

6.3.3 实施流程

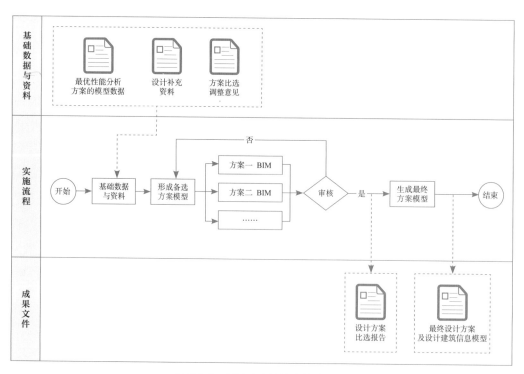

图 6.3.3   设计方案比选实施流程图

6.3.4 实施细则

1 收集各参与方的方案比选调整意见。

2 根据调整意见，调整和完善建筑信息模型，形成备选方案模型。

3 检查多个备选方案模型的可行性、功能性、经济性和美观性等，并进行适用性分析，形成相应的方案比选报告，选择最终的设计方案。

4 根据最终设计方案，更新完善最终方案的设计建筑信息模型。

6.3.5 成果文件

1 设计方案比选报告（应包含体现项目的模型截图、图纸、装配式结构方案对比、建筑方案对比分析说明等）。

2 最终设计方案及设计建筑信息模型。

6.3.6 应用价值

通过 BIM 技术的可视化特性，对项目的可行性进行验证，为方案比选、模拟分析和优化提供量化依据，如场地环境优化、建筑物的物理环境、人流、结构、节能排放等分析，选择最优的工程设计方案。还能使项目设计方案决策参与方更直观和高效地了解方案特性，快速推动方案设计的可行性分析。

6.3.7 项目案例

碧岭小学扩建、科韵学校设计采购施工总承包（EPC）项目位于深圳市坪山区碧岭办事处碧岭社区，北邻坑横路，南邻乾远路，东邻坑边路。项目扩建总建筑面积约 6.1 万 m^2，原有 24 个班，扩建部分有 36 个班，扩建后为 60 班九年一贯制学校。其中必备基本校舍用房 20789m^2，增配用房及附属设施 24241.94m^2，地下室 16088.73m^2。项目建成将提供 2820 个学位，能有效缓解碧岭片区的就学压力。碧岭学校秉承环山抱水的设计理念，采用先进的装配式建造技术，项目的装配率为 82.1%，达到国家 AA 级装配式建筑标准。

运用 BIM 技术的三维展示优势，综合分析项目应用定位、建筑性能仿真分析、功能分区设计、交通流线优化、立面造型比选及装配式结构方案比选六个方面，并形成方案比选报告。图 6.3.7 展示了碧岭小学方案比选的情况分析。在 BIM 的基础上，三维展示了不同立面的方案效果与技术参数，将不同方案与周边环境、实施难度对比，提升沟通效率，提高方案设计的质量。

立面造型比选

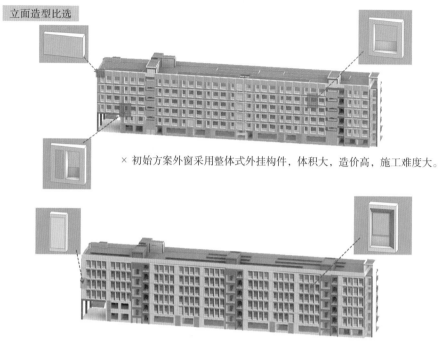

× 初始方案外窗采用整体式外挂构件，体积大，造价高，施工难度大。

√ 优化方案后外窗的外挂构件体积减小至 2.98m³，重量约 4.7t。

空调位置比选

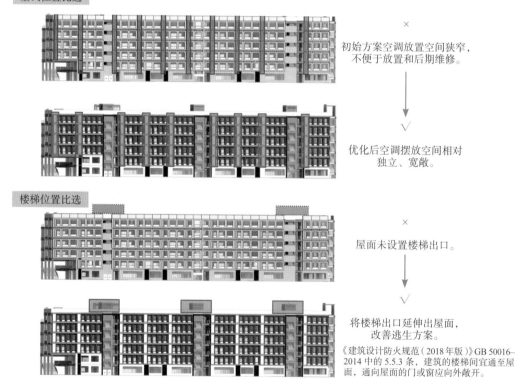

×
初始方案空调放置空间狭窄，不便于放置和后期维修。

√
优化后空调摆放空间相对独立、宽敞。

楼梯位置比选

×
屋面未设置楼梯出口。

√
将楼梯出口延伸出屋面，改善逃生方案。
《建筑设计防火规范（2018年版）》GB 50016–2014 中的 5.5.3 条，建筑的楼梯间宜通至屋面，通向屋面的门或窗应向外敞开。

图 6.3.7　碧岭小学方案比选分析

6.4　建筑性能模拟分析

6.4.1　概述

建筑性能模拟分析的主要目的是利用专业的性能分析软件，使用建筑信息模型或者通过建立分析模型，结合周边场地或总平面图，对建筑物的日照、采光、通风、能耗、人员疏散、火灾烟气、声学、结构、碳排放等进行模拟分析，以提高建筑的舒适、绿色、安全和合理性。

在方案设计阶段，辅助设计人员确定合理的建筑方案，举例有：

1　风环境模拟：主要采用 CFD 技术，对建筑周围的风环境进行模拟评价，从而帮助设计师推敲建筑物的体形、布局，并对设计方案进行优化。

2　能耗模拟分析：主要是对建筑物的负荷和能耗进行模拟分析，在满足各项节能标准要求的基础上，为设计师提供可参考的最低能耗方案。

3　遮阳和日照模拟：主要是对建筑和周边环境的遮阳和日照进行模拟分析，在满足建筑日照规范的基础上，帮助设计师进行日照方案比对。

6.4.2　基础数据与资料

1　规划方案阶段的建筑信息模型。

2　规划方案设计资料。

3　项目周边环境数据。

4　气象数据。

5　热负荷参数。

6　其他分析所需数据。

6.4.3 实施流程

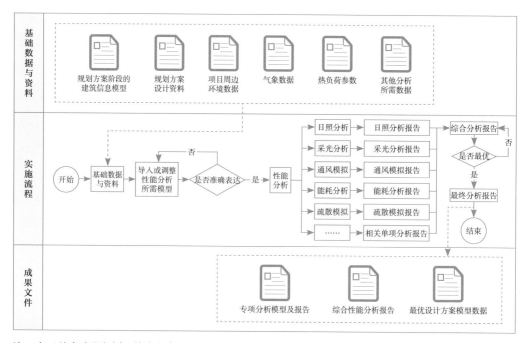

注：由于基本流程相同，故在方案设计阶段对建筑性能模型分析进行描述，其他阶段不做重复描述。

图 6.4.3   建筑性能模拟分析实施流程图

6.4.4 实施细则

1   收集相关基础数据，并校核数据的准确性。

2   根据规划方案阶段的建筑信息模型以及分析软件的需求，调整各类分析所需的模型。

3   分别获得单项分析数据，综合各项结果优化调整模型，进行评估并寻求建筑综合性能最优平衡点。

4   根据最终的分析结果调整设计方案，确定建筑最优性能的设计方案。

5   根据最佳的设计方案，更新完善规划方案阶段的建筑信息模型。

6   在进行照明分析时，需要进行光照度分析、照明质量分析、能耗分析和自然采光分析。在进行通风模拟分析时，需要根据具体建筑物的结构和使用情况，结合环境条件和通风方式的选择，确定分析对象和边界条件，并建立数值模型进行模拟分析，为室内空气质量和通风效果提供科学的分析和优化设计方案。

6.4.5 成果文件

1 专项分析模型及报告。不同分析软件对建筑信息模型的深度要求不同，专项分析模型应满足该分析项目的数据要求（根据软件数据要求调整规划方案阶段创建的建筑信息模型）。

2 综合性能分析报告。

3 最优设计方案模型数据。

6.4.6 应用价值

1 利用 BIM 技术进行建筑性能分析，可以实现建筑信息模型数据传递的统一性和准确性，确保建筑性能分析的准确性，为其他设计阶段的性能分析奠定基础。

2 规划方案设计阶段利用 BIM 技术进行建筑性能分析，可以辅助设计工作者减少构建建筑性能分析模型的重复性工作，提高设计效率。

6.4.7 项目案例

深圳市文化馆新馆（原深圳市群众艺术馆新馆）项目是深圳文化发展"十三五"规划的市级重大文化设施项目，定位为"湾区群众文化艺术中心，国内文化馆场馆建设示范标杆"。项目位于广东省深圳市龙华区民治街道，总建筑面积83290m^2，未来连接北站的片区将形成多层次的、复合的立体城市群落。

项目利用专业性能分析软件，使用建筑信息模型及分析模型，对建筑物的风环境、日照、室外噪声进行模拟分析，以提高建筑的舒适、绿色、安全和合理性；针对文化场馆类项目特有的剧场模块，进行专项的视线分析，通过 BIM 可视化优势对剧场进行综合设计分析，如视线升起设计、平面最远视距控制、平面分析，控制偏座并保证最佳观演关系；对剧场、报告厅、录音棚、培训区等重点区域进行声学分析，通过建立计算模型，分析不同音频下的声压分布、语言清晰度和快速语言传递指数等，完成使用体验良好的声学设计。使用火灾动力学软件对深圳文化馆内 8 个不同位置进行了火灾场景模拟分析，通过与疏散模拟分析结果对比，确保设计方案可以保证人员的安全疏散。

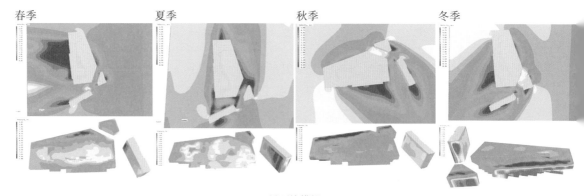

春季　　　　　　夏季　　　　　　秋季　　　　　　冬季

风环境模拟

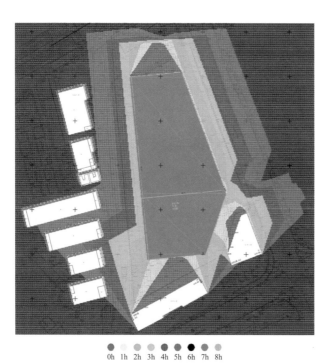

昼

0h 1h 2h 3h 4h 5h 6h 7h 8h

日照分析模型

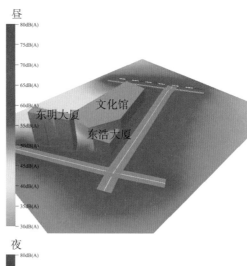

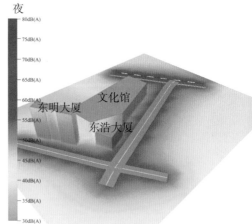

室外噪声分析

图 6.4.7-1　风环境、日照、噪声模拟分析

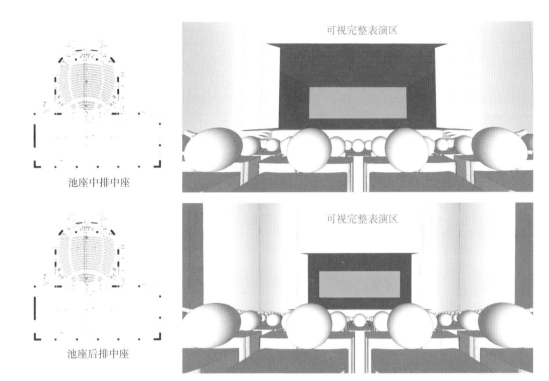

池座中排中座

池座后排中座

■ 先锋实验剧场 / 音乐厅模式

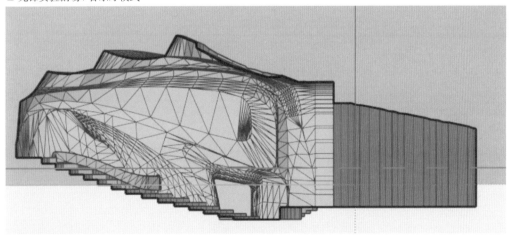

■ 相关基础资料
　剧院定位：多功能剧场 / 音乐厅模式
　观众厅座席数：493 座
　音乐厅体积：5034m³
　每座室容积：10.2m³/ 座

■ 模拟条件
　空间声学材料设定：与剧场模式相同

图 6.4.7-2　剧场视线、声学模拟分析

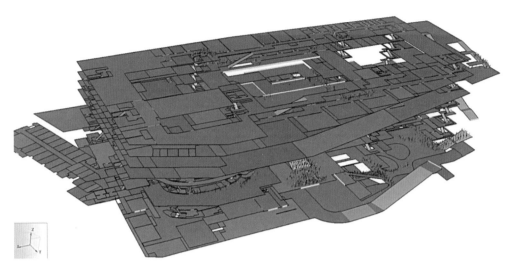

图 6.4.7-3　人员疏散模拟分析

6.5　技术经济指标分析

6.5.1　概述

　　该阶段的项目各项指标信息数据主要包括技术经济指标数据、绿色建筑设计指标数据等。还应基于容积率、绿地率、建筑密度等建筑控制条件来创建 BIM，对总图规划、道路规划、绿地景观规划、竖向规划以及管线综合规划等内容进行组织和优化。

6.5.2　基础数据与资料

　　1　最终方案设计建筑信息模型。
　　2　项目相关信息等基础资料。

6.5.3 实施流程

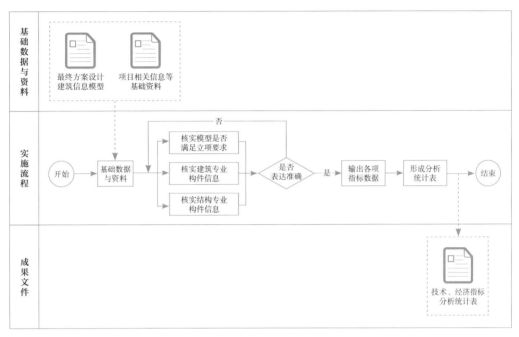

图 6.5.3　技术经济指标分析实施流程图

6.5.4 实施细则

1　检查并确定模型是否满足项目立项环节的相关要求。

2　检查并确定建筑总图平面布置、其他平面布置图经济指标及主体模型主要构件的几何信息与非几何信息。

3　检查并确定结构主体构件的几何信息与非几何信息。

4　各项指标数据应按照《深圳市建筑设计技术经济指标计算规定》分析统计，并形成分析统计表。

6.5.5 成果文件

技术、经济指标分析统计表。

6.5.6 应用价值

为总图规划、道路规划、绿地景观规划、竖向规划以及管线综合规划等设计提供数据支撑。

6.5.7 项目案例

碧岭小学扩建、科韵学校设计采购施工总承包（EPC）项目根据各项指标信息数据，如容积率、绿地率、总建筑面积、使用功能等，通过 BIM 软件进行方案建筑信息模型创建和仿真，在模型中模拟各种设计方案，并根据不同的设计参数进行技术经济指标分析。

本项目基于 BIM 技术，可以进行以下分析：

1 绿地率计算分析：通过 BIM 软件的计算功能，对建筑物周边的绿化面积进行计算，包括植被覆盖面积、绿地面积、水面面积等。

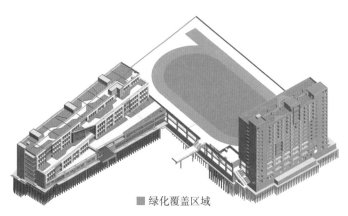

■ 绿化覆盖区域

图 6.5.7-1   绿地率计算分析

2 建筑层高计算：通过 BIM 软件的计算功能，对建筑物的每层高度进行计算，包括楼层高度、地下室高度等。

图 6.5.7-2   建筑层高计算

3 楼栋计算分析：结合 BIM 软件切割功能，将建筑物按照楼栋进行划分，确定楼栋的数量和位置。

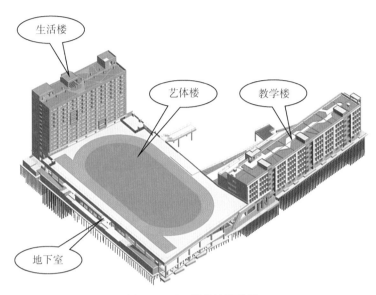

图 6.5.7-3 楼栋计算分析

4 停车位计算分析：根据本项目相关规定和标准，设定停车位的尺寸、数量和布局等。通过 BIM 软件的计算功能，对建筑物周边的停车位进行计算。

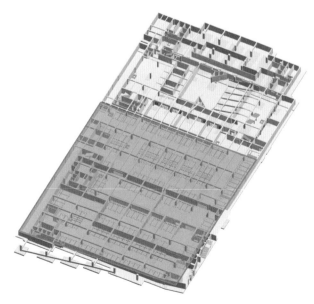

图 6.5.7-4 停车位计算分析

综上所述，技术经济指标分析在 BIM 方案设计阶段中扮演着重要的角色，可以帮助我们在建筑项目的设计阶段中，快速准确地评估各种设计方案的经济效益，从而指导我们在设计阶段做出更为科学的决策。

一、项目概况					
项目名称	碧岭小学扩建项目		用地单位	深圳市坪山区建筑工务署	
宗地号	G11 302—8039		用地位置	深圳市坪山区规划翠峰路以北，三洲田水路以西	
二、主要经济技术指标表（含保留建筑指标）					
建设用地面积	31616.82	m^2	总建筑面积	6.1 万	m^2
绿化覆盖率	30.00	%	栋数	4	栋
最大层数（地上/下）	14/1	层	建筑最高高度	49.9	m
机动车停车位（地上/下）	181	辆	自行车停车位（地上/下）	/	辆

图 6.5.7-5   技术经济指标分析统计表成果

6.6   仿真分析及漫游

6.6.1 概述

虚拟仿真分析及漫游的主要目的是利用 BIM 软件模拟建筑物的三维空间关系和周围建筑形态及城市空间关系场景，通过漫游、动画和 VR 等形式提供身临其境的视觉、空间感受，有助于相关人员在方案设计阶段进行方案预览和比选。在初步设计阶段检查建筑结构布置的匹配性、可行性、美观性以及设备主干管排布的合理性等，在施工图设计阶段预览全专业的设计成果，进一步分析、优化空间等。

6.6.2 基础数据与资料

1   最终方案设计阶段的建筑信息模型。

2   技术经济指标分析统计表。

6.6.3 实施流程

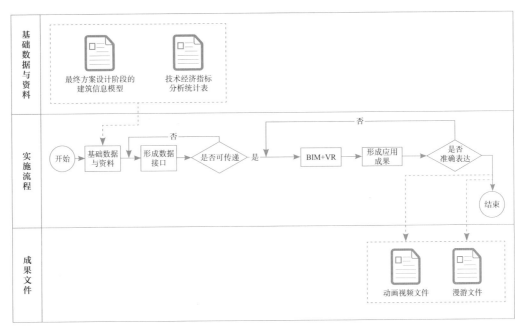

注：由于基本流程相同，故在方案设计阶段对仿真分析及漫游进行描述，其他阶段不做重复描述。

图 6.6.3　仿真分析及漫游实施流程图

6.6.4 实施细则

1　收集数据，并确保数据的准确性。

2　根据建筑项目实际场景情况，赋予模型构件相应的材质。将建筑信息模型导入具有虚拟漫游和动画制作功能的软件。

3　设定视点和漫游路径，该漫游路径应当能反映建筑物整体布局、主要空间布置以及重要场所设置，以呈现设计表达意图。

4　将软件中的漫游文件输出为通用格式的视频文件，并保存原始制作文件，以备后期的调整与修改。

6.6.5 成果文件

1　动画视频文件（应当能清晰表达建筑物的设计效果，并反映主要空间布置、复杂区域的空间构造等）。

2　漫游文件（应包含全专业模型、动画视点和漫游路径等）。

6.6.6 应用价值

1 设计阶段利用虚拟仿真漫游技术，有助于设计人员及时发现二维表达不易察觉的设计缺陷或问题。

2 有利于各参与方对设计方案身临其境地评估方案可行性，为决策者更好地提供决策帮助。

3 有利于设计与管理人员对设计方案进行辅助设计与方案评审，促进设计管理。

6.6.7 项目案例

长圳公共住房及其附属工程总承包项目位于深圳市光明区凤凰街道光侨路与科裕路交会处东侧，又名"凤凰英荟城"，项目概算总投资 57.97 亿，用地 17.7hm²，总建筑面积 116.44 万 m²。其中住宅建筑面积 81 万 m²，商业建筑 6.5 万 m²，公共配套设施 3.2 万 m²。项目秉持"以人为本、高质量发展"理念，集结高端人才和资源，挖潜技术和管理创新，践行"住有所居"向"住有宜居"的提升，为深圳"双范"城市建设探索和铺路。

本项目通过漫游、动画和 VR 等形式为方案决策者提供身临其境的视觉、空间感受。有助于方案决策者在方案设计阶段进行方案预览和比选，预览建筑结构布置的匹配性、可行性、美观性以及设备主干管排布的合理性等。

图 6.6.7-1 长圳公共住房及其附属工程总承包项目鸟瞰图

图 6.6.7-2　城市边际线仿真分析

图 6.6.7-3　景观环境分析

6.7　方案报批报建审查

6.7.1　概述

方案报批报建审查是以包含完整规划方案报建指标数据的建筑信息模型为对象，依据制定的方案报批报建标准进行 BIM 设计，借助轻量化软件进行信息提取转换，通过规划报建审查平台实现指标比对，并自动生成审查报告的一种新型规划报建审批模式。基于 BIM 技术的方案报批报建审查对审查所需的关键步骤进行了统一的整合，保证了全部审查过程都在同一平台下完成，为 BIM 正向设计中的方案报批报建审查提供了有效的解决方案。BIM 技术不仅可以有效地提高审查效率、提升建筑设计质量，也能为 BIM 设计与方案报批报建审查融合发展提供有力的保障。

6.7.2 基础数据与资料

1 项目相关信息等基础资料。

2 建筑工程信息模型设计交付标准。

3 建筑信息模型数据存储标准。

4 建筑信息模型审批子模型标准。

6.7.3 实施流程

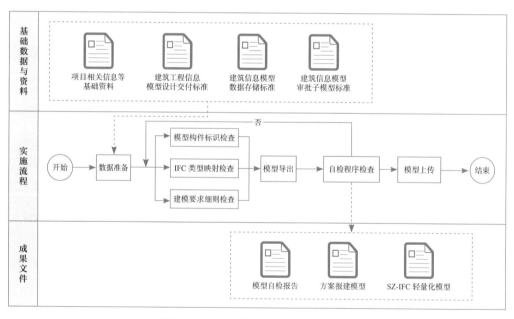

图 6.7.3　方案报批报建审查实施流程图

6.7.4 实施细则

1 收集数据，并确保数据的准确性。

2 模型应表达建筑物的设计效果，反映主要空间布置和建筑物的高度、层数、造型、材质、色彩、纹理等特征。

3 对建筑信息模型进行修改调整，使其满足《深圳市建设工程规划许可（房建类）报建建筑信息模型（BIM）交付技术规定（试行）》标准的建模要求，便于转换成 SZ-IFC 格式并提取审查过程中所需要的设计信息。

4 设计单位根据深圳市《建筑信息模型数据存储标准》SJG 114—2022，通过模型质检工具，核查建筑信息模型的准确性。

5 将通过模型质检的 SZ-IFC 模型及原始模型上传至报建平台。

6.7.5 成果文件

1 模型自检报告。

2 方案报建模型。

3 SZ-IFC 轻量化模型。

6.7.6 应用价值

1 通过引入 BIM 技术，把建筑设计合规性审查的过程转变为由计算机自动完成，更加准确、高效地完成审查工作，提高方案报批报建的效率，进而提高建筑设计质量。

2 BIM 合规性审查可以充分发挥可视化特性，实现在二维和三维的操作环境之间的联动审查，还能根据需求在特定位置处补充模型视图，为审核结果提供更全面的数据支持，更容易发现设计图纸及模型中存在的设计问题。

3 通过在 BIM 中添加各设计阶段的审查变更信息，可以实现审查工作的全过程记录，确保建设工程质量责任可追溯，使审查监管更好地落实到位，逐步改善和加强建筑设计单位原有的质量管理体系，进而有效地提高设计单位的设计质量和服务水平。

7 初步设计阶段

初步设计阶段是设计构思基本形成的阶段，各专业应对本专业内容的设计方案或重大技术问题的解决方案进行综合技术经济分析，论证技术上的适用性、可靠性和经济上的合理性。初步设计主要是对已确定的建筑方案进行各专业的深化设计，满足工程概算要求以及为施工图设计奠定基础。在初步设计阶段，各个专业通过应用 BIM 软件完善建筑模型，并检查各专业之间的设计内容一致性。将调整后的模型进行剖切，生成平面、立面、剖面图，形成初步设计阶段的建筑、结构、机电模型和二维图纸。其中政府投资项目初步设计阶段还应满足《政府投资公共建筑工程 BIM 实施指引》SJG 78—2020 的相关规定要求，其他类型项目可参照执行。

7.1 设计校核与优化

7.1.1 概述

该阶段将初步设计阶段的各专业模型校核和优化，校核各专业的设计内容是否缺项、漏项，各专业模型深度是否满足规范要求，以及机电专业初步管线综合是否存在碰撞等，核查各专业模型深度表达是否满足初步设计阶段要求。

7.1.2 基础数据与资料

1 各专业技术标准、规范、指南及措施。

2 初步设计阶段各专业建筑信息模型。

7.1.3 实施流程

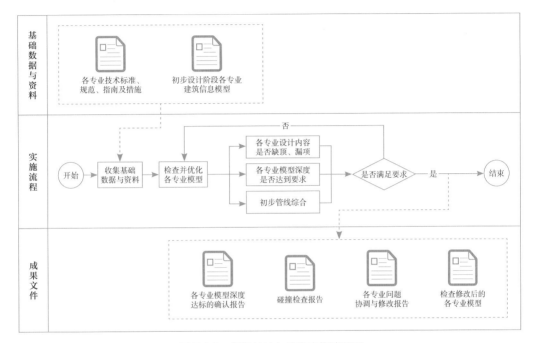

图 7.1.3 设计校核与优化实施流程图

7.1.4 实施细则

1 校核模型生成的三维轴测图、平面图、立面图、剖面图是否一致。

2 校核各专业设计内容是否有缺项、漏项,是否已利用协同作业的方式完成优化设计内容(含初步管线综合),例如结构与管线综合是否会有碰撞等。

3 校核各专业优化后的设计模型的碰撞情况,并优化处理。

4 检查各个专业模型深度是否达到初步设计阶段的深度规定。

5 按照统一的命名规则命名文件,保存整合后的模型文件。

7.1.5 成果文件

1 各专业模型深度达标的确认报告。

2 碰撞检查报告。

3 各专业问题协调与修改报告。

4 检查修改后的各专业模型。

7.1.6 应用价值

利用 BIM 技术可视化和协同化的特性，能够将初步设计阶段各专业的模型整合，校核各专业内部及各专业之间的设计内容的缺失与冲突，消除设计中出现的错误，保证该阶段的建筑信息模型的完整性与准确性。

7.1.7 项目案例

深港生物医药产业园 EPC 项目位于深圳市坪山区坑梓街道，锦绣东路与荣田路交汇处东北角。项目总建筑面积 241306.68m²。项目由一层地下室，4 栋塔楼组成。其中 1 栋为宿舍，2、3、4 栋为医药类厂房。坪山区保留了全市最连片、完整的高端制造空间形态，有中国广东省坪山国家生物产业基地，其中坪山高新区集聚布局了国家新能源（汽车）产业基地、国家生物产业基地、新一代信息技术和智能制造产业等国家级产业基地。本项目定位为高端制造业，旨在通过多层次的绿色花园，打造生机活力的"产业园会客厅"。

通过 Revit 软件建立建筑、结构、通风、给水排水、电气等专业的三维模型，并借助三维建模的优势进行碰撞检查，生成对应的碰撞检查报告，设计人员根据报告检查优化对应的碰撞问题，审查人员利用 BIM 三维可视化特性直观审核各专业 BIM，形成相应的各专业问题协调与修改报告，设计人员可以根据报告精确定位问题所在，利用三维模型直观、明确地发现原有设计问题并进行修改，进一步提高各专业的设计质量。

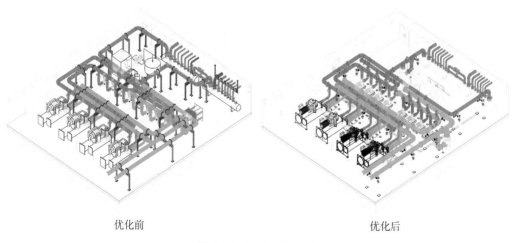

优化前   优化后

图 7.1.7   BIM 优化修改

7.2　技术经济指标细化

7.2.1　概述

该阶段项目各项指标信息数据主要包括细化后的技术经济指标数据、绿色建筑设计指标数据、装配式建筑设计指标数据等。

7.2.2　基础数据与资料

检查优化后的初步设计阶段的各专业及整合后的建筑信息模型。

7.2.3　实施流程

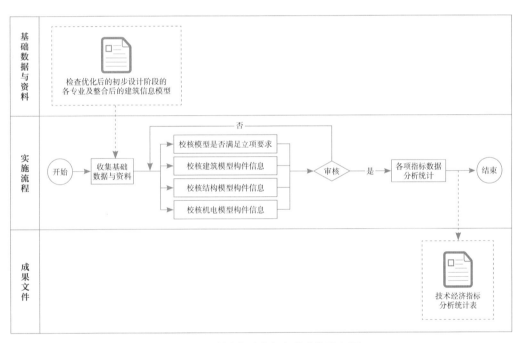

图 7.2.3　技术经济指标细化实施流程图

7.2.4　实施细则

1　校核确定模型是否满足项目立项环节的相关要求。

2　校核确定建筑主体平面布置及主体模型主要构件的长度、宽度等几何信息与名称、材质等非几何信息。

3 校核确定结构主体构件的长度、高度等几何信息与材质、规格、造价等非几何信息。

4 校核确定机电各专业的长度、宽度、直径等几何信息与颜色、材质、型号等非几何信息。

5 分析统计各项指标数据，并形成分析统计表。

7.2.5 成果文件

技术经济指标分析统计表（主要包括细化后的技术经济指标数据、绿色建筑设计指标数据、装配式建筑设计指标数据等）。

7.2.6 应用价值

项目经济性指标直接关系到项目能不能实施，在方案的调整中起决定作用。BIM技术能够辅助设计人员快速统计项目的经济指标，如面积、建筑密度、绿地率等，并且能跟随设计调整的过程做到实时更新。

7.2.7 项目案例

深港生物医药产业园 EPC 项目通过 BIM 软件模型来生成窗明细表、门明细表以及防火分区面积明细表，准确快速地形成技术经济指标分析统计表，让工作更加便捷高效。并且通过模型三维立面展示出各个类型明细表对应的立面，让表格数据以一种更加直观、生动的方式呈现，提升了数据的可读性与联动性，最后通过汇总得到技术经济指标分析统计表。

门明细表					
类型	防火等级	宽度	高度	底高度	合计
SM1527		1500	2700	0	144
SM1527		1500	2700	0	1
SM1127	乙级	1100	2700	0	24
PKM1121	乙级	1100	2100	0	7
M1121	乙级	1100	2100	0	1
M0921	乙级	900	2100	0	20
FM 甲 1521	甲级	1500	2100		7
FM 乙 2021d	乙级	2000	2100	600	3
FM 乙 2021	乙级	2000	2100	0	17
FM 乙 1521	乙级	1500	2100		3
FM 丙 0818	无	800	1800		32
D1327		1300	2700	0	18
D1227		1200	2700	0	2
BM1521		1500	2100	0	6
总计：285					285

窗明细表				
类型	宽度	高度	底高度	合计
1212a	1210	1200	2400	1
BY1712	1700	1200	1000	2
BYC1422b	1400	2150	900	1
BYC1430b	1400	2950	0	1
BYC1433	1400	3300	0	4
BYC1433b	1400	3250	0	1
BYC1436	1400	3250		7
BYC2411a	2350	1100	900	1
GDC2213	2200	1300	150	1
GDC2221	2200	2100	−800	4
GDC2233	2200	3300	−200	1
MLC3827	3800	2700	0	3
MLC7527	3800	2700	0	2
TCL2415	2400	1500		3
TLC1321a	1250	2100	950	2
TLC1521	1500	2100	950	295
TLC1521d	1500	2100	950	3
TLC2221	2200	2100	950	6
TLC2221d	2200	2100	950	6
TLC2419	2400	1900		12
TLC2421	2400	2100	950	11
TLC2615	2600	1500	1200	72
TLC2821	2800	2100	950	1
TLC3015	3000	1500	900	3
TLC3018	3000	1800	900	1
TLC3021	3000	2100		28
TLC3021d	3000	2100	950	1
TLC3418a	3350	1800	950	1
TLC7209c	7150	850	1950	1
TLC7218a	7150	1800	950	2
总计：477				477

图 7.2.7　门窗指标统计

7.3　设计概算工程量计算

7.3.1　概述

设计概算工程量计算在初步设计阶段由造价咨询单位主导，控制整个项目的经济上限。在初步设计模型的基础上，按照设计概算工程量的计算规则进行模型的深化，形成可用于设计概算的模型，再利用此模型完成设计概算工程量的计算，辅以相应定额和材料价格自动计算建筑安装造价，以此提高工程量计算的效率和准确性。

利用 BIM 在设计阶段进行工程量计算时，需要充分地利用上阶段设计的模型和信息成果，在此基础上按照工程量计算的要求进行必要的模型补充，并按照设计概算的要求补充工程量计算所需要的信息，以确保完善后的概算模型满足设计阶段的工程量计算要求。设计阶段模型变化和调整的频率比较大，因此需要在 BIM 条件下将设计工作与工程量计算工作统一，以实现模型完成后快速确定准确的工程量数据的目的。当初步设计模型的深度或完整性等不能达到 BIM 工程量计算要求的情形时，宜采用传统工程量计算或概算指标给予补充，做到两者有机结合，提高工程量计算效率。

7.3.2 基础数据与资料

1 初步设计模型。

2 （与初步设计概算工程量计算相关的）构件属性参数信息。

3 概算工程量计算范围、计量要求及依据等。

4 其他相关信息。

7.3.3 实施流程

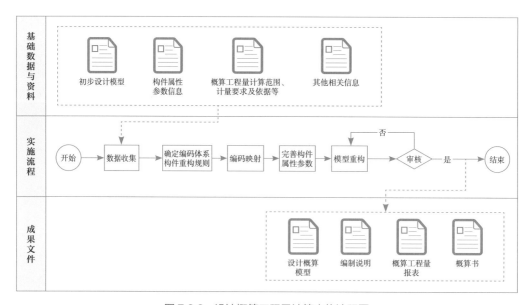

图 7.3.3　设计概算工程量计算实施流程图

7.3.4　实施细则

1　收集数据。收集设计概算工程量计算需要的模型和数据资料，并确保数据的准确性。

2　确定规则要求。BIM 算量模型建模要求包括模型拆分、构件命名、构件属性要求等。根据设计概算工程量计算范围、计量要求及依据，进一步研究完善 BIM 算量的整体技术路线，确定概算工程量计算所需的构件编码体系、构建模型必要的补充与计量要求。

3　编码映射。在初步设计模型的基础上，确定符合工程量计算要求的构件与分部分项工程的对应关系并进行编码映射，将构件与对应的编码匹配，完成模型中构件与工程量计算分类的对应关系。

4　编制概算工程量表。按概算工程量计算要求进行概算工程量报表的编制，完成工程量的计算、分析、汇总，导出符合概算要求的工程量报表，并撰写编制说明。

7.3.5　成果文件

1　设计概算模型。模型应正确体现计量要求，可根据空间（楼层）、时间（进度）、区域（标段）和构件属性参数，及时、准确地统计工程量数据；模型应能准确表达概算工程量计算的结果与相关信息，且可配合设计概算的相关工作。

2　编制说明。应表述本次计量的范围和模型深化的规则、要求、依据及其他内容。

3　概算工程量报表。工程量报表应准确反映构件的净工程量（不含相应损耗），并符合行业规范与本次计量工作要求，作为设计概算的重要依据。

4　概算书。应根据工程量报表，辅助于其他软件或者模块，套用对应的概算定额及其他费用文件出具详细的概算书。

7.3.6　应用价值

1　减少工作量。工程造价的审核过程中，充分利用 BIM 技术将能极大提升审核的效率。以往计算概预算的过程中，需要先统计工程量，这需要在图纸设计完毕之后，采用手工计算或利用软件建模算量。当因计算人员专业水平差异和图纸本身的复杂程度不同、对定额和计算规则理解不一致时，就容易导致结果错误。采用 BIM 技术进行计算，能够在三维可视化图纸上用实物图形的方式将工程量展现出来，由于具有协同工作的能力，概算人员能够直接利用设计人员提供的 BIM，不需要再另外建模和处理相关构件属性信息，仅需要对输出结果进行调试和校正，从而极大减轻了造价人员的算量工作，实现造价编制过程的集约化。

2　控制成本。将 BIM 技术与工程造价系统联动协同，能够确保工程造价的计算过程中能够充分考虑到工程信息。这种做法既有利于工程设计师更好地控制设计方案的成本，也使得工程造价师能够将及时予以反馈造价。

3　实现对工程造价的优化。工程设计阶段可以分为初步设计、施工图设计两个阶段，初步设计阶段需要编制工程概算，主要是负责对项目的全部建设费用予以估算控制，施工图设计阶段则需要计算施工图预算。对工程造价进行计算的过程中，设计单位与建设单位可以随时采用 BIM 技术修改建筑信息模型，以此实现对设计方案的优化与调整。这一模型在直观地提供造价数据的同时，也能够帮助设计单位进行设计优化，帮助建设单位进行方案选取，实现更有效地控制工程造价。

4　对不同建设阶段的造价予以模拟。施工图预算与设计概预算的计算过程中，采用 BIM 技术进行计算能够实现对不同建设阶段的成本的预见与模拟，为各方协同进行限额设计提供条件，也能为后期控制造价提供有针对性的依据，能保证后期施工阶段紧跟设计方案，做到二者不脱节。

8 施工图设计阶段

施工图设计是建筑项目设计的重要阶段，是连接项目设计阶段和施工阶段的桥梁。本阶段主要通过二维及三维的施工图设计来表达建筑项目的设计意图和设计结果，并作为项目现场施工制作的依据。施工图设计阶段的 BIM 应用是各专业模型深化构建并进行优化设计的复杂过程，包括建筑、结构、给水排水、暖通、电气等专业信息模型。在此基础上，根据各个专业的技术标准、规范、指南等，结合施工安装制作的相关规范，进行碰撞检查、三维管线综合、竖向净空优化等基本应用，完成对施工图设计的多次优化，形成最终施工图设计建筑信息模型，并为施工阶段提供施工依据。其中政府投资项目施工图设计阶段还应满足《政府投资公共建筑工程 BIM 实施指引》SJG 78—2020 的相关规定要求，其他类型项目可参照执行。

8.1 建筑结构校核及优化

8.1.1 概述

建筑与结构的模型准确性校核，首先通过核查各专业模型内部平面、立面及剖面是否满足相应规范要求且无内部碰撞与冲突，然后通过建筑模型与结构模型整合对比，核查建筑与结构在平面、立面、剖面及尺寸上是否相互关联、是否碰撞，为设计人员提供直观的校核依据，完成建筑结构进一步的优化调整。

8.1.2　基础数据与资料

1　初步设计阶段完成的建筑及结构专业模型。

2　施工图阶段的模型交付标准。

3　建筑及结构专业相应专业规范，技术标准、措施及施工标准等。

8.1.3　实施流程

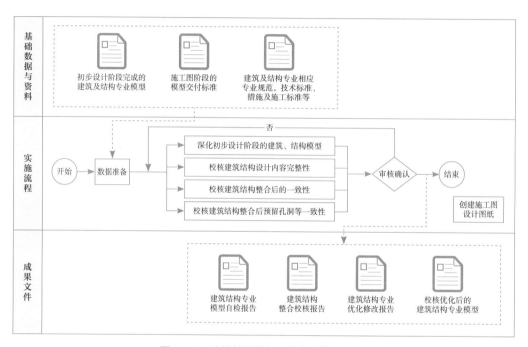

图 8.1.3　建筑结构校核及优化实施流程图

8.1.4　实施细则

1　收集数据，并确保数据的准确性。

2　深化初步设计阶段的建筑和结构模型，结合结构计算模型数据，确保其达到施工图模型的深度，并按照统一的命名原则保存模型文件。

3　检查建筑结构专业内部设计内容的完整性和准确性，查看建筑模型参数及材料是否准确无误，设计是否合理。结构模型应符合相关规范和标准要求，校核材料和构件参数应准确无误、构件应连接紧密，同时还需考虑施工现场的可实施性等。

4　校核建筑和结构模型整合后，墙、梁、板、柱、楼梯及其他构造节点等构件尺寸与建筑平、立、剖面图及大样的一致性。

5 校核建筑和结构模型整合后，建筑结构相互预留孔洞等反映的一致性。

8.1.5 成果文件

1 建筑结构专业模型自检报告。

2 建筑结构整合校核报告（含碰撞内容、节点位置、问题报告及调整建议）。

3 建筑结构专业优化修改报告。

4 校核优化后的建筑结构专业模型。

8.1.6 应用价值

1 能够在项目建筑、结构专业的校核与协同优化下，利用三维模型的可视化进行协同沟通、讨论、决策等工作。

2 能够为机电管线综合设计优化、装饰装修设计及后续深化设计等提供前置设计条件。

8.1.7 项目案例

坪山区科韵学校建设工程项目位于深圳市坪山区碧岭街道夹圳南路以北，鹏茜路以西。总用地面积 24615m²，总建筑面积 79249m²，建成后为 54 班九年一贯制学校。

该项目在模型创建完成后对各专业进行了自检，根据各专业的自检情况生成报告，对未满足要求的进行调整修改，使得模型满足《深圳市建筑工程信息模型（BIM）建模手册（试行版）》的要求。

通过 BIM 软件对建筑和结构的整合模型进行碰撞检查，对建筑与结构模型碰撞位置进行记录，通过回溯追查问题位置并进行优化，最后将问题以及优化调整情况生成报告，便于对设计过程中的质量进行把控与记录。

问题分类	影响美观	位置	1 区宿舍楼—负一层
BIM 图片相关图纸 位置：1 区宿舍楼—负一层	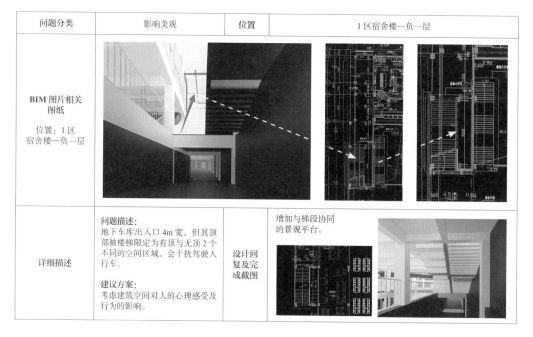		
详细描述	**问题描述：** 地下车库出入口 4m 宽，但其顶部被楼梯限定为有顶与无顶 2 个不同的空间区域，会干扰驾驶人行车。 **建议方案：** 考虑建筑空间对人的心理感受及行为的影响。	设计回复及完成截图	增加与梯段协同的景观平台。

问题分类	影响美观	位置	1 区宿舍楼—负一层
BIM 图片相关图纸 位置：1 区宿舍楼—负一层	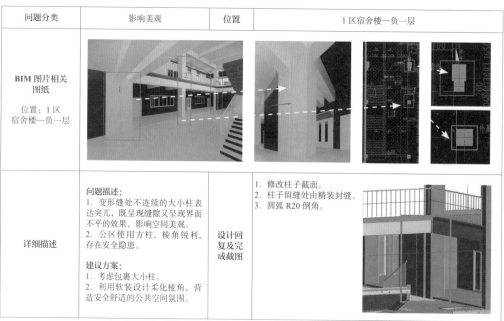		
详细描述	**问题描述：** 1. 变形缝处不连续的大小柱表达突兀，既呈现缝隙又呈现界面不平的效果，影响空间美观。 2. 公区使用方柱，棱角锐利，存在安全隐患。 **建议方案：** 1. 考虑包裹大小柱。 2. 利用软装设计柔化棱角，营造安全舒适的公共空间氛围。	设计回复及完成截图	1. 修改柱子截面。 2. 柱子留缝处由精装封缝。 3. 圆弧 R20 倒角。

图 8.1.7-1   建筑结构校核及优化修改报告

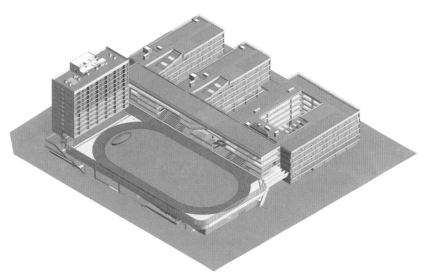

图 8.1.7-2　建筑结构整合模型

8.2　机电管线综合优化

8.2.1　概述

机电管线综合优化是指机电各专业完成的施工图阶段 BIM，结合优化后的建筑结构专业 BIM，校核机电管线在整个建筑物中的错、漏、碰、缺，解决由传统二维设计不能考虑周全的各类硬碰撞（实体与实体之间交叉碰撞）和软碰撞（实际并没有碰撞，但间距和空间无法满足相关要求），优化机电管线在建筑物空间内的排布，输出高质量的设计图纸，辅助相关专项设计报批报建，避免将设计问题传递到施工阶段。

8.2.2　基础数据与资料

1　施工图深度的各专业设计模型。

2　施工图设计阶段的模型交付标准。

3　机电各专业相应专业规范，技术标准、措施及施工标准等。

8.2.3 实施流程

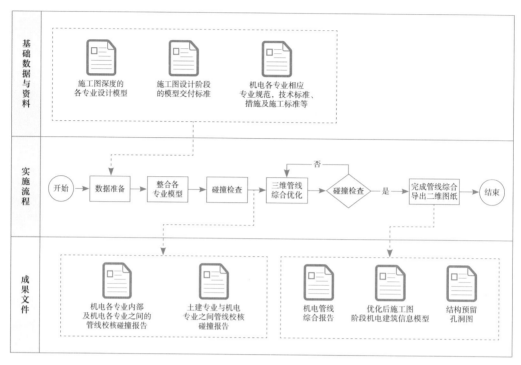

图 8.2.3   机电管线综合优化实施流程图

8.2.4 实施细则

1 根据施工图设计阶段建模标准，完成给水排水、暖通、电气等专业机电模型。

2 完成机电各专业内部管线校核优化后，整合机电各专业所有管线，结合建筑结构模型进行校核优化，校核内容包括三维视图以及平、立、剖面图的视图统一，专业之间无设计缺项、专业之间碰撞检查、空间复核及预留洞等。

3 机电综合优化需要进行综合的数据分析，包括能耗分析、经济性分析等。这些分析需要基于 BIM 进行，以便于得出准确的结果和方案。

4 机电专业管线排布应遵照基本的管线避让原则，包括风管布置在上方，桥架和水管在同一高度时，应水平分开布置，在同一垂直方向时桥架在上、水管在下。有压管让无压管，小管线让大管线，施工简单的避让施工难度大的。布置时考虑无压管道的坡度，应考虑到水管外壁和空调水管、空调风管保温层的厚度。不同专业管线间的距离应尽量满足现场施工规范要求等。

8.2.5 成果文件

1 机电各专业内部及机电各专业之间的管线校核碰撞报告。

2 土建专业与机电专业之间管线校核碰撞报告。

3 机电管线综合报告。

4 优化后施工图阶段机电建筑信息模型。

5 结构预留孔洞图。

8.2.6 应用价值

通过利用 BIM 技术的协同特性进行机电管线综合及优化，减少各专业设计在二维图纸中无法考虑到的碰撞，提高设计质量，避免空间冲突问题和设计错误传递到施工阶段，造成施工返工，为施工阶段提供施工基础数据。

8.2.7 项目案例

坪山新能源汽车产业园区 1～3 栋项目位于深圳市坪山区金辉路、秋田路交汇处，坪山区国家新能源汽车产业基地中部启动区内，北邻深海高速，东邻金辉路。致力于打造深圳新能源汽车产业先行区。项目建设用地面积 33930.68m^2，总建筑面积 255856.01m^2。

项目在设计阶段通过 BIM 软件建立了建筑、结构、通风、给水排水、强弱电等专业三维模型，并借助三维模型可视化的优势实现各专业在一个空间上的协同校核与优化，通过碰撞检查对特定区域的管线综合进行问题分析，提出优化思路、实施优化前后效果对比，最终得出优化结果，生成管线综合及优化报告，进而调整设计管线路径与布置。优化后的建筑信息模型管线排布美观、大方并且满足各专业设计规范要求，由此模型生成的二维图纸对管线的定位、间距、高度有详细的标注，满足施工图深度。

问题编号	001	区域定位	地下一层 5—k 轴
记录日期	2022.10.18	记录人	××
问题分析	1. 原方案水管和桥架水平间距与垂直间距过近，不符合规范要求。 2. 阀门放置位置错误，安装及检修空间不足。 3. 水管与桥架间隔分布，支架布置有问题。 4. 各专业翻完较多，影响施工观感，加大施工难度。		
优化思路	1. 将水管和桥架分别集中在一起，按照规范要求控制间距。 2. 所有管线尽量做到一层排布。 3. 修改阀门位置，将其放置在易安装、易检修的位置。		
优化结果	1. 此区域整体净高由 2800mm 提升至 3100mm。 2. 可以分专业共用综合支吊架，节省人工及材料，提升施工质量。		

问题编号	002	区域定位	1#—6F 1—5 交 1—B 轴
记录日期	2022.10.18	记录人	××
问题分析	1. 新风管主路由贴窗边走，只能走梁底，会遮挡部分采光效果。 2. 影响室内整体吊顶高度。		
优化思路	1. 在保证室内通风效果的前提下，修改新风管主路由，避开窗边。 2. 将新风管主路由沿室内墙边布置，支管路由可上翻至梁窝内。		
优化结果	1. 沿窗边区域整体净高由 2600mm 提升至 3000mm，避免了对采光效果的影响。 2. 新风管与空调风管在同一高度，提升施工质量及美感。		

图 8.2.7-1　机电管线综合报告

图 8.2.7-2　机电管线综合三维模型

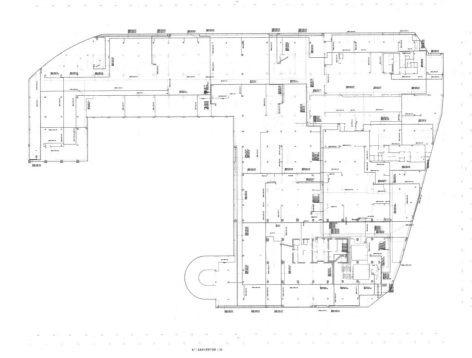

图 8.2.7-3　二维管线施工图

8.3　建筑空间净高分析及优化

8.3.1　概述

基于校核优化完成的建筑、结构及机电建筑信息模型的建筑物空间利用可视化手段，进行漫游检查，模拟动线分析，对空间使用不合理和使用有缺陷部位进行校核分析与优化，在保证工程设计满足规范的前提下，充分优化建筑的使用功能，提高建筑物的最大化使用性能及适用性，确保交付给业主的建筑达到最优。

8.3.2　基础数据与资料

1　各专业的技术标准、规范、指南与措施。

2　机电管线综合优化后的建筑、结构及机电模型。

3　业主技术文件对空间使用净高要求文件。

8.3.3 实施流程

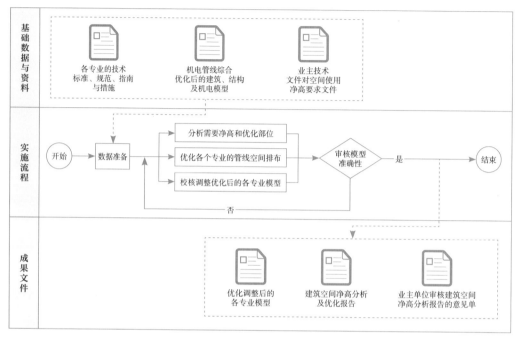

图 8.3.3　建筑空间净高分析及优化实施流程图

8.3.4 实施细则

1　收集基础数据，确保数据的准确性。

2　分析需要进行净高分析优化的部位，例如公共部位，搬家通道等。

3　利用 BIM 技术可视化特性，优化各个专业的管线空间排布，提升相应空间净高。

4　校核调整优化后的各专业模型，确保模型准确性。

5　汇报相应的净高分析优化报告，由业主单位确认调整后的各专业建筑信息模型等成果文件，确认空间净高分析及优化得到业主单位认可后，输出优化调整后的各专业模型、建筑空间净高分析及优化报告以及业主单位审核建筑空间净高分析报告的意见单。

8.3.5 成果文件

1　优化调整后的各专业模型。

2　建筑空间净高分析及优化报告（应包含三维轴测图、透视图、净高分析平面、优化前后对比、优化思路及优化后的结果等分析内容）。

3　业主单位审核建筑空间净高分析报告的意见单。

8.3.6 应用价值

利用 BIM 技术可视化及协同的特性，使得各专业设计人员通过三维模型更为直观地完成重点区域空间净高分析及优化，同时这种三维场景可以给业主展现项目真实的空间净高关系，业主能提前根据虚拟场景来确认重点位置的空间适用性。

8.3.7 项目案例

坪山新能源汽车产业园区 4—6 栋项目，位于深圳市坪山区国家新能源汽车产业基地中部启动区内，场地北邻沈海高速，南接坪山大道，紧邻轨道 14 号线。总建筑面积 25.7 万 m^2，最大建筑高度 152m，包含 4 栋塔楼，3 层地下室，主要功能为生产厂房和研发办公，配套宿舍、餐饮、商业。

基于建筑、结构、给水排水、电气、暖通 5 大专业 BIM 正向设计模型，以综合性思维借助 BIM 可视化的优势进行各专业间的碰撞协调、翻弯避让、管线路由优化，从而提升空间净高，以达到最优空间利用。以地下车库密集分层较多的区域为例，净高分析报告如下：

地下室车道：设计方案中此处空间为车道位置，同时此区域为管线进入消防水泵房的交叉区域，按照最初的设计方案，管线最低处净高 2400mm，虽满足规范中的车道净空要求，但通过 BIM 内部视角漫游判断管线安装后观感较差，通过管线综合优化调整路由走向，将此区域净高抬升至最低处净高 2600mm，满足使用需求的同时预留出 0.5m 的安装及维护空间，以便后期维修保养使用。

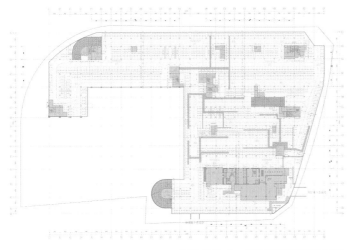

■ $H > 2.200$m
■ $H \geqslant 2.300$m
■ $H \geqslant 2.400$m
　 $H \geqslant 2.450$m
■坡道
■风机房/楼梯间/设备间/井道

说明：
1. 本图中标高均为建筑相对标高。
2. 本图中图例标注的标高均为区域内管线综合优化后的最低风管底、水管底、桥架底标高，未考虑支、吊架空间，未考虑吊顶板厚度，请施工单位自行判断支、吊架安装空间。
3. 使用本图时，请同时参照 BIM 管线综合由图。
4. 本图仅作为 BIM 管线综合成果净高示意图使用，不作为室内精装设计依据。

图 8.3.7-1　地下车库净高分析图

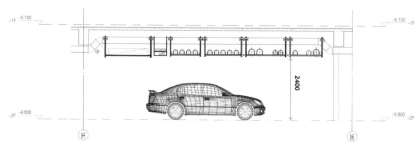

图 8.3.7-2　地下车库净高分析图

8.4　技术经济指标复核

8.4.1　概述

本阶段项目各项指标信息数据主要包括技术经济指标数据、绿色建筑设计指标数据等。

8.4.2　基础数据与资料

1　校核优化后的施工图设计阶段的全专业建筑信息模型。

2　项目相关信息等基础资料。

8.4.3　实施流程

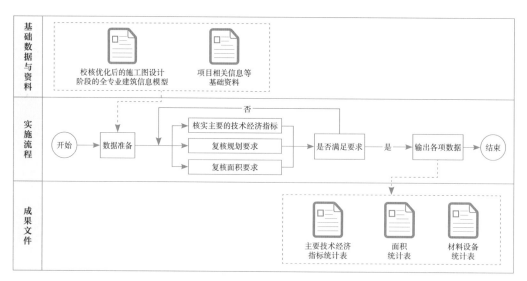

图 8.4.3　技术经济指标复核实施流程图

8.4.4 实施细则

1　校核建筑总平面布置、主体平面布置及主体模型主要构件的几何信息与非几何信息，核实主要技术经济指标，复核初步设计批复的技术经济指标要求及修改完善内容。

2　复核用地红线、建筑物边界线等控制线，明确场内相关建筑定位关系。

3　校核统计建筑面积等指标是否满足《建筑工程设计文件编制深度规定（2016版）》。

4　校核机电各专业的设备材料明细表准确性和一致性。

5　分析统计各项指标数据，并由BIM软件自动生成分析统计表。

8.4.5 成果文件

1　主要技术经济指标分析统计表。

2　面积统计表。

3　材料设备统计表。

8.4.6 应用价值

复核项目的技术经济指标直接关系到项目数据的准确性。利用BIM技术帮助设计人员统计项目的经济指标，如面积、建筑密度、绿地率等，可以在设计调整的过程中做到实时更新，减少设计人员的工作量，提高设计效率。

8.4.7 项目案例

碧岭小学扩建、科韵学校设计采购施工总承包（EPC）项目根据施工图阶段的BIM，更直观地明确了道路红线、用地红线、建筑控制线等与场内相关建筑的定位关系，复核了是否有突出物超过用地红线，以及扩建项目的栋数、最大层数、建筑最高高度、停车位数量及绿化覆盖率等初步设计批复的技术经济指标要求。然后，由楼板明细表辅助生成了绿地指标明细表，由房间明细表辅助生成了艺体楼、生活楼和教学楼各栋的面积指标表、人防面积表等。在人防面积表、单栋指标面积明细表、绿地面积统计表等的辅助下，由设计人员进行总用地面积、总建筑面积及各分项建筑面积、绿地总面积、容积率、建筑密度、绿地率等指标的计算，复核满足《建筑工程设计文件编制深度规定（2016版）》，完成了最终版的主要技术经济指标表。

基于施工图阶段的 BIM，使用新点 BIM 5D 算量插件生成各栋的机电各专业工程量清单统计表，校核输出的机电各专业工程量清单与原预算文件清单的准确性与一致性，为施工阶段的成本控制提供技术辅助支撑。

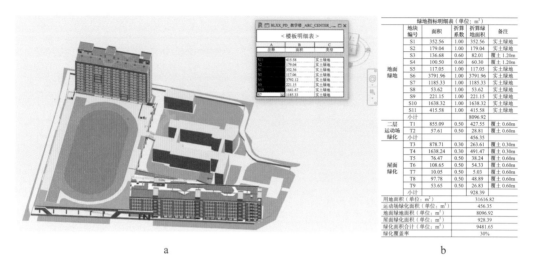

图 8.4.7-1　绿地指标明细

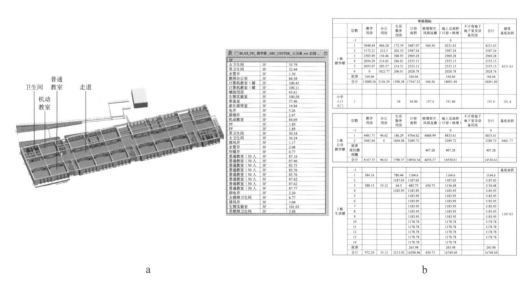

图 8.4.7-2　面积统计

碧岭小学扩建项目 主要技术经济指标统计表

一、项目概况					
项目名称	碧岭小学扩建项目		用地单位	深圳市坪山区建筑工务署	
宗地号	G11 302—8039		用地位置	深圳市坪山区规划翠峰路以北、三洲田水路以西	

二、主要经济技术指标表（含保留建筑指标）					
建设用地面积	31616.82	m²	总建筑面积	68848.26	m²
容积率 / 规定容积率	1.90/1.72	m²	计容积率建筑面积	60139.21	m²
地上规定建筑面积	51663.24	m²	不计容积率建筑面积	8709.05	m²
地下规定建筑面积	2847.01	m²	地上核减建筑面积	0.00	m²
地上核增建筑面积	5628.96	m²	地下核减建筑面积	0.00	m²
地下增建筑面积	8709.05	m²	建筑覆盖率	54.2%	%
最大层数（地上 / 下）	14/1		建筑基底面积	17137.6	m²
建筑最大高度	49.9	m	机动车停车位（地上 / 下）	2（校巴）/173（其中充电车位52个）	辆
绿地覆盖率	30.00	%	自行车停车位（地上 / 下）	/	辆
绿地面积 / 折算绿地面积	8096.92/1384.74	m²			
其他					

三、本期建筑面积及分配（不含保留建筑指标）							建筑功能	建筑面积 /m²	合计
总建筑面积 /m²	61119.65	计容积率建筑面积 /m²	52410.60	计规定容积率建筑面积 /m²	46781.64	地上	教学及辅助用房	31857.00	43934.63
							宿舍	12077.63	
						地下	教学及辅助用房	2847.01	2847.01
		不计容积率建筑面积 /m²	8709.05	地上核增建筑面积:	5628.96		架空公共增建及风雨连廊	5628.96	5628.96
				地下核增建筑面积:	8709.05		停车库	7457.18	8709.05
							设备用房	1251.87	

四、本期地上建筑分栋指标（不含保留建筑指标）									
栋号	建筑高度 /m	层数	规定功能		规定面积 /m²	核减面积 /m²	核增功能	核增面积 /m²	备注
1 栋 教学楼	23.85	6	一般教学用房、公共教学用房、办公用房、初中门卫		17547.33	0	架空公共空间 及风雨连廊	544.56	
			合计		18091.89				
2 栋 艺体楼	9.70	2	多功能报告厅、艺术教学用房、体育设施用房等		10054.34	0	架空公共空间 及风雨连廊	4476.27	
			合计		14530.61				
3 栋 生活楼	49.90	14	食堂、学生午休室、教师宿舍、社团活动、总务办公、后勤辅助		16298.96	0	架空公共空间 及风雨连廊	450.73	
			合计		16749.69				
小学 大门	7.75	1	门卫值班		34.00	0	架空公共空间 及风雨连廊	157.40	
			合计		191.40				
			合计		49563.59				

五、保留建筑指标			
小学教学楼、综合楼	计容建筑面积:	7728.61	m²

图 8.4.7-3 主要技术经济指标统计

工程量汇总表（分楼层）

工程名称：BLXX_PD_生活楼_MEP_CENTER_已分离　　　　　　　　　　　　　　　　　　第6页 共18页

序号	项目名称	项目特征	单位	总量	基础层	3F	4F	5F	6F	7F	8F	9F	10F	11F	12F	13F	14F	15F	16F
59	管道保温材料	保温层材料:聚氨酯泡沫	m³	0.74			0.07	0.07	0.08	0.07	0.07	0.07	0.06	0.06	0.07	0.06	0.06	0.01	
60	管道类型:铜管-焊接	公称直径:19.05mm;安装位置:室内;构件编号:;管道类型:铜管-焊接;连接方式:螺纹连接	m	772.38			76.57	76.64	76.6	76.53	76.53	74.88	58.32	58.32	71.89	58.32	58.93	8.86	
61	管道类型:铜管-焊接	公称直径:50.8mm;安装位置:室内;构件编号:;管道类型:铜管-焊接;连接方式:螺纹连接	m	1.15						1.15									
62	线管接线盒-三通:照明配线管	安装高度:<=5m	个	2											2				
63	组合式不锈钢板给水箱: 标准	容量:0m³;安装方式:;安装高度:' '	个	1														1	
64	组合式消火栓箱: 标准	安装方式:明装;安装高度:<=5m	个	45			5	5	5		5	5	5	5	5	5			
65	薄型单栓室内消火栓箱: 标准	安装方式:明装;安装高度:<=5m	个	1														1	
66	铸铁式直通地漏: DN50	材质:铸铁;安装高度:<=3.6m	个	4									1	2	1				
强电																			
1	带配件的电缆桥架:弱电桥架	安装高度:<=5m;规格型号:100mm×100mmø	m	644.67			58.59	58.37	58.59	57.77	58.37	59.42	59.03	58.95	58.16	57.77	59.67		
2	带配件的电缆桥架:强电桥架	安装高度:<=5m;规格型号:100mm×50mmø	m	7.56													7.56		

图 8.4.7-4 机电工程量清单统计

8.5 二维制图表达

8.5.1 概述

建筑项目设计图纸是表达设计意图和设计结果的重要途径，作为生产制作、施工安装的重要依据。相对于传统二维设计的分散性，三维设计强调的是数据的统一性、协同性和完整性。由于目前国家还未出台相关的三维施工依据，因此需要根据相关国家标准，利用 BIM 技术、通过二维制图的形式来表达，将三维设计信息传递到二维平面表达上，同时也要符合国家现有的二维设计制图标准或 BIM 出图的相关规范或标准。

8.5.2 基础数据与资料

1 施工图设计阶段各专业设计模型。

2 国家二维制图标准或 BIM 出图的相关规范或标准。

3 二维制图样板文件。

8.5.3 实施流程

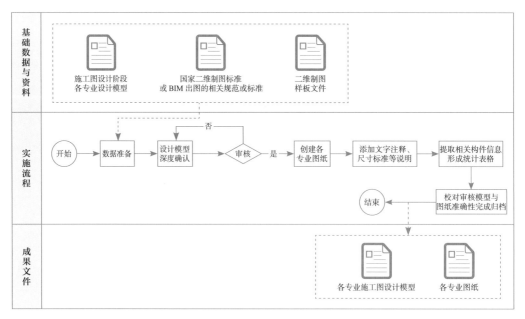

图 8.5.3　二维制图表达实施流程图

8.5.4 实施细则

1 收集基础数据，并确保数据的准确性。

2 根据优化后的建筑、结构及机电等专业模型，按照企业及国家二维制图标准（例如《建筑工程信息模型设计示例》SJT 02—2022）导出二维图纸。

3 通过剖切三维模型、调整视图深度、隐藏无须表达的构件等步骤，创建各专业相关图纸，如平面图、立面图、剖面图、系统图、大样、管线综合图等。

4 添加文字注释、尺寸标注、平法标注、图例、设计施工说明等信息，复杂空间宜增加三维透视图和轴测图进行表达。

5 根据部分图纸需要，提取相关构件信息形成统计表格，如门窗表、设备材料表等。

6 校核已完成的二维图纸，确认无误后输出相应格式的二维图纸，按类别完成归档。

8.5.5 成果文件

1 各专业施工图设计模型。确保模型间相互链接路径准确，且模型图纸视图与最终出图内容一致。

2 各专业图纸。图纸深度应当满足对应阶段《建筑工程设计文件编制深度规定（2016 版）》中的要求。

8.5.6 应用价值

基于 BIM 的二维制图表达是以三维设计模型为基础，通过投影或剖切的方式形成平面、立面、剖面、节点大样等二维断面图，再结合相关制图标准、补充相关二维标识出图，或在满足审批审查、施工和竣工归档要求的前提下，直接使用二维断面图。对于复杂的局部空间，宜借助三维透视图和轴测图进行表达。

基于 BIM 的二维制图表达的主要目的是保证单专业内平面图、立面图、剖面图、系统图、预留预埋图及详图等表达的一致性和及时性，消除专业间设计冲突与信息不对称的情况，为后续的设计交底、深化设计、施工等阶段提供依据。

8.5.7 项目案例

碧岭小学扩建、科韵学校设计采购施工总承包（EPC）项目各子项、各专业 BIM

通过中心文件共享坐标并链接在一起，整合成了完整模型。模型中所有构件均为标准族，三维建模及二维表达均满足设计、生产及施工要求。建筑专业通过二维、三维结合的方式出图，教学楼的不规则立面通过三维轴测图辅助表达，增强图纸的可读性及空间感，提高设计质量。最后，各专业通过 BIM 输出相应的正向设计图纸。

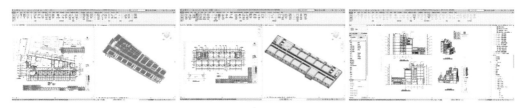

图 8.5.7-1　二维、三维结合出图

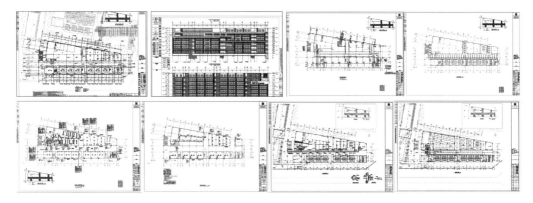

图 8.5.7-2　各专业输出图纸

8.6　基于 BIM 的工程报建

8.6.1　概述

根据深圳市人民政府办公厅《关于印发加快推进建筑信息模型（BIM）技术应用的实施意见（试行）的通知》（深府办函〔2021〕103号）的有关规定，深圳市的工程建设项目，需要在消防设计审查、施工许可和竣工联合验收阶段，实施基于 BIM 的工程报建。

报建的 BIM 应满足深圳市《建筑工程信息模型设计交付标准》SJG 76—2020 和深圳市《建筑信息模型数据存储标准》SJG 114—

2022 的相关要求。模型所有构件及模型单元需包含"深圳构件标识"属性,且取值不能为空。报建的 BIM 提交前应使用 SZ–IFC 报建自检工具对提交的模型进行质检,质检通过的模型方可提交。

8.6.2 基础数据与资料

1 施工图阶段各专业设计模型。

2 深圳市建筑工程信息模型(BIM)建模手册。

3 建筑工程信息模型设计交付标准。

4 建筑信息模型数据存储标准。

5 SZ–IFC 转换插件及 SZ–IFC 报建自检工具。

8.6.3 实施流程

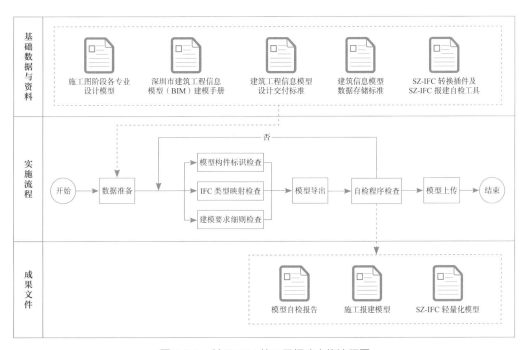

图 8.6.3　基于 BIM 的工程报建实施流程图

8.6.4 实施细则

1 检查模型是否满足深圳市《建筑工程信息模型设计交付标准》SJG 76—2020 的建模要求。

2 检查模型构架、模型命名格式是否满足建模手册的要求。

3 检查模型是否已经添加模型构件标识。

4 检查是否已进行 IFC 类型映射表格的配置。

5 通过 SZ–IFC 转换插件进行模型轻量化转换。

6 通过 SZ–IFC 报建自检工具进行模型的自检。

7 将通过自检的 SZ–IFC 模型上传到相关报建平台，完成消防设计审查、主体工程施工许可事项。建设单位在申报前，由设计单位提前通过深圳市建设工程勘察设计管理系统上传 BIM。

8.6.5 成果文件

1 模型自检报告。

2 施工报建模型。

3 SZ–IFC 轻量化模型。

8.6.6 应用价值

通过 BIM 转换、自检、上传的流程化管理，能够保证 BIM 数据的完整性和标准化。单项目的 BIM 报建流程，能够加快推进深圳市 BIM 技术的应用，推动行业高质量发展。通过项目的地理位置信息与轻量化模型的结合，能为深圳市的数字城市建设打下坚实的数据基础。

8.6.7 项目案例

坪山综合服务中心项目位于深圳市坪山高新区，坪山区马峦街道办事处瑞景路与文详路交汇处。建筑用地分为两期，一期用于酒店建设，二期用于会展中心建设。项目总建筑面积约为 13.3 万 m²，会展中心建筑面积 8.7 万 m²，酒店建筑面积约 4.6 万 m²。

项目采用基于施工图阶段的全专业 BIM，通过 SZ–IFC 转换插件导出项目的轻量化模型，再将轻量化模型载入 SZ–IFC 报建自检平台自检。未通过的构件需重新进入 Revit 对模型进行调整，当构件全部通过审查后，即可导出检查报告并保存相关成果文件。

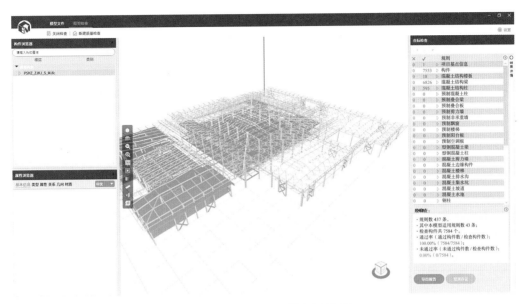

图 8.6.7-1 SZ-IFC 报建自检工具

FC 报建自检工具   2022-10-28 08:54:06

经检测：

规则 "建筑工程 BIM 设计交付标准-施工图设计阶段_钢结构.mvdlite" 的规则数量是 212 条，其中本模型适用规则数量 23 条；

模型 "11 结构模型.ifc" 的构件数共 15240 个，检查构件共 15240 个。

通过率（检查通过构件数/检查构件数）：100%（15240/15240）；

模型质量检查报告

一、模型基本信息

模型名称	模型 GUID	IfcProject GUID	楼层信息	构件数量
440307009 009030002 2_1#楼 _S_F_2022 10	b8kpQZPxwEb63JyR0ACTp1ukaK4	0QuEHYB9jAyQdheW8b4bcw	1F; 2F(结); 3F(结); 4F(结); 5F(结); RF(22.5m); 屋面； 标高(-0.6m); 标高(-2m); 标高(13.45m); 标高 (17.95m); 标高(4.45m); 标 高(8.95m); 楼梯间屋顶；	15240

模型名称：4403070090090300022_1#楼_S_F_202210.ifc

规则名称：建筑工程 BIM 设计交付标准-施工图设计阶段_钢结构.mvdlite

规则版本：1.0.4

检测软件：SZ-IFC 报建自检工具

软件版本：V1.1.0

检测时间：2022-10-28 08:54:06

二、规则基本信息

标准名称	规则数量
建筑工程 BIM 设计交付标准-施工图设计阶段_结构.mvdlite	15240

三、检测结果汇总

	规则总数	适用规则数	涉及构件总数	通过构件	未通过构件
数量	212	23	15240	15240	0

图 8.6.7-2 模型自检报告

9 深化设计阶段

深化设计阶段的 BIM 应用价值主要体现在施工深化设计、施工场地布置及优化、施工方案模拟及优化、装配式构件预制加工等方面。本阶段的 BIM 应用对施工深化设计的准确性、施工场地布置及优化的合理性、施工方案的模拟展示、预制构件的加工能力等方面起到关键作用。施工单位应结合项目进度计划、施工工序安排及现场管理需求等对施工图设计阶段模型进行信息添加、更新和完善，以得到满足施工需求的施工阶段模型。

9.1 钢结构节点深化设计

9.1.1 概述

钢结构属于装配式建筑，需经过精确设计、工厂生产加工、预拼装等过程才可以进入到施工现场进行施工安装，因此钢结构的前期设计工作要求极高，而 BIM 技术的应用能为钢结构的多项工作过程带来实质性的助益。

9.1.2 基础数据与资料

1　施工图设计模型或施工深化设计模型。
2　钢结构图纸信息。
3　钢结构技术标准。
4　进度计划。

5 其他相关资料。

9.1.3 实施流程

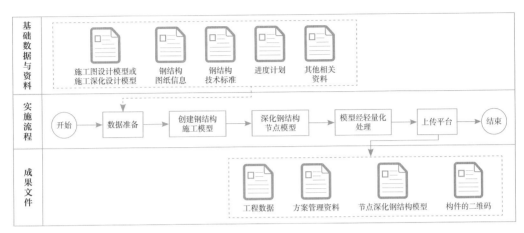

图 9.1.3　钢结构节点深化设计实施流程图

9.1.4 实施细则

1 收集数据，并确保其准确性。

2 根据施工图设计模型或施工深化设计模型、钢结构图纸、钢结构专项技术标准以及进度计划等，创建钢结构模型及节点深化模型。

3 对钢结构模型进行经济和技术模拟分析。

4 依据模拟分析结果，选择最优施工方案，生成模拟演示视频并提交至相关部门审核。

5 编制钢结构专项方案并进行技术交底。

9.1.5 成果文件

1 工程数据。

2 方案管理资料（钢结构技术施工方案等）。

3 节点深化钢结构模型。

4 构件的二维码。

9.1.6 应用价值

1 便于输出制作加工图及施工图。专业的钢结构深化设计制图软件能够将构件的整体形式、构件中各零件的尺寸和要求以及零件间的连接方法等详细地表现到图纸上，以便制造和安装人员通过查看图纸清楚地了解构造要求和设计意图，完成构件在工厂的加工制作和现场的组拼安装。

2 可视化交底。基于 BIM 技术可视化的特点，可以模拟斜柱、转换钢柱、柱间斜撑、弧形钢梁、钢筋桁架楼承板等复杂部位的施工，并向各专业人员直观地进行三维安全技术交底，避免因作业人员理解错误而导致施工不当。

3 便于工程量的计算。可充分发挥 BIM 的优势，借助 BIM 软件对钢结构模型单元进行工程量统计，为物资采购及提前招标提供相应支持。

9.1.7 项目案例

深圳市青少年足球训练基地项目位于深圳市光明新区公明街道李松蓢社区屋园路与金朗路交会处，工程总建筑面积 80229.77m²，共有两个地块。地块一包括 1 万座专业足球场和全民健身活动中心，地块二为运动员综合保障中心。

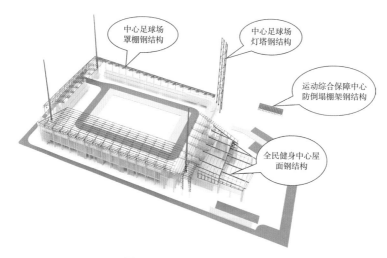

图 9.1.7-1　钢结构整体形象

图 9.1.7-2　钢结构深化前

图 9.1.7-3　钢结构深化后

9.2　砌筑工程深化设计

9.2.1　概述

二次结构作为建筑工程的主要组成部分，细部节点繁多，传统的排砖图难以满足施工质量及美观要求。现利用 BIM 技术实行砌筑工程深化设计，提高排砖效率，减少损耗，节约成本。

9.2.2　基础数据与资料

1　相关规范（《砌体结构工程施工质量验收规范》GB 50203—2011、《砌体填充墙结构构造》22G614–1 等）。

2　施工图纸。

3　进度计划。

4　其他相关资料。

9.2.3　实施流程

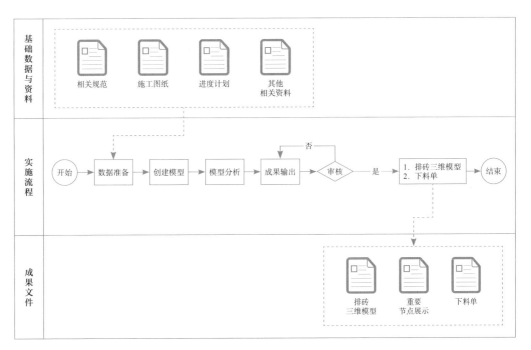

图 9.2.3　砌体工程深化设计流程图

9.2.4 实施细则

1　收集数据，并确保其准确性。

2　根据施工图绘制 BIM，以模型为基础导入相关深化软件进行排砖深化。

3　对模型进行经济和技术模拟分析（工程量统计、下料等）。

4　进行三维技术交底。

9.2.5 成果文件

1　排砖三维模型。根据算量模型进行排砖深化。

2　重要节点展示。根据现场质量及施工重难点，进行三维截图以便向各方展示。

3　下料单。根据模型深化出的排砖图精准下料，减少材料浪费。

9.2.6 应用价值

1　提高施工质量。对现场排砖进行模拟，解决因节点复杂导致砖通缝、尺寸大小不符合规范及观感、质量不满足要求等问题。

2　便于可视化交底。以三维轻量化模型、漫游视频等形式展现，经各方确认排砖是否符合要求。

3　便于工程量计算。可充分发挥 BIM 优势，减少过程材料浪费，为物资采购及提前招标提供相应支持。

9.2.7 项目案例

深圳市青少年足球训练基地项目在砌筑工程深化中应用了 BIM 技术，避免了传统排砖的缺点，提高了排砖效率，减少损耗，节约成本。项目在工程砌筑深化中进行了排砖节点优化、三维交底，将施工难点在模型中展示并解决问题，提高了交底效率，促进了各方的积极沟通。

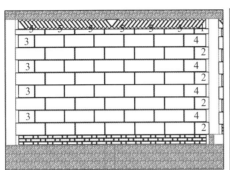

砌体墙—949_ 下料表					
砌体类型	标记编号	材料	下料规格（mm）	数量	体积（m³）
塞缝区	—	实心砖	190 × 90 × 53	88	
	—	预制块	146 × 232 × 181	2	
	—	预制块	188 × 237 × 188	1	
砌体区	标准砌块	蒸压加气混凝土砌块	600 × 200 × 240	44	
	1	蒸压加气混凝土砌块	290 × 200 × 100	1	
	2	蒸压加气混凝土砌块	290 × 200 × 240	4	
	3	蒸压加气混凝土砌块	325 × 200 × 240	4	
	4	蒸压加气混凝土砌块	445 × 200 × 240	4	
	5	蒸压加气混凝土砌块	600 × 200 × 100	6	
导墙区	—	实心砖	190 × 90 × 53	110	
	—	实心砖	80 × 190 × 53	1	
	—	实心砖	130 × 90 × 53	4	
	—	实心砖	140 × 90 × 53	2	
其他		砂浆体积			0.214

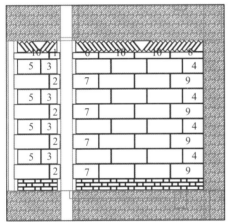

砌体墙—987_ 下料表					
砌体类型	标记编号	材料	下料规格（mm）	数量	体积（m³）
塞缝区	—	实心砖	190 × 90 × 53	56	
	—	预制块	146 × 232 × 181	4	
	—	预制块	197 × 248 × 197	1	
	—	预制块	230 × 289 × 230	1	
砌体区	标准砌块	蒸压加气混凝土砌块	600 × 200 × 240	24	
	1	蒸压加气混凝土砌块	180 × 200 × 100	1	
	2	蒸压加气混凝土砌块	180 × 200 × 240	4	
	3	蒸压加气混凝土砌块	275 × 200 × 240	4	
	4	蒸压加气混凝土砌块	350 × 200 × 240	4	
	5	蒸压加气混凝土砌块	395 × 200 × 240	4	
	6	蒸压加气混凝土砌块	440 × 200 × 100	1	
	7	蒸压加气混凝土砌块	440 × 200 × 240	4	
	8	蒸压加气混凝土砌块	560 × 200 × 100	1	
	9	蒸压加气混凝土砌块	560 × 200 × 240	4	
	10	蒸压加气混凝土砌块	600 × 200 × 100	3	
导墙区	—	实心砖	190 × 90 × 53	77	
	—	实心砖	80 × 190 × 53	4	
	—	实心砖	130 × 90 × 53	4	
	—	实心砖	140 × 90 × 53	1	
其他	—	砂浆体积			0.153

图 9.2.7-1　砌体工程深化出图及材料清单

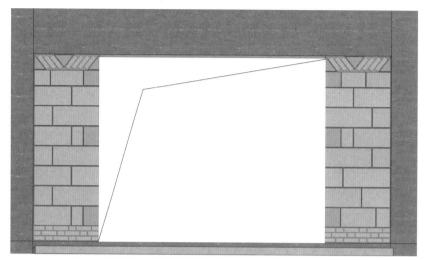

图 9.2.7-2　砌体工程深化图

9.3　预制构件深化设计

9.3.1　概述

　　根据装配式建筑标准层构件拆分设计阶段得到的预制构件信息模型，结合施工顺序完成预拼装检查，并对拼接位置进行碰撞检查。在装配式建筑构件拆分及碰撞检查后，将预制构件 BIM 进行深化设计。参考碰撞检查报告或相应的变更意见，对预制构件 BIM 及图纸进行修改或补充。同时考虑布置钢筋与各类预留埋件，确认无误后，直接生成构件生产所需的图纸。再利用模型准确统计钢筋规格与长度、埋件型号与数量、构件的体积与重量等，用于指导模具深化、制造与组装及后期的预制构件的生产制造。

9.3.2　基础数据与资料

　　1　各专业深化设计施工图纸、模板图、支撑布置图等。

　　2　各专业深化设计 BIM、预制构件碰撞检查 BIM。

　　3　其他方案类资料（预制装配式建筑设计任务书、项目预制构件实施方案、安装方案、铝模爬架工艺、构件工程量统计表需求表等）。

9.3.3 实施流程

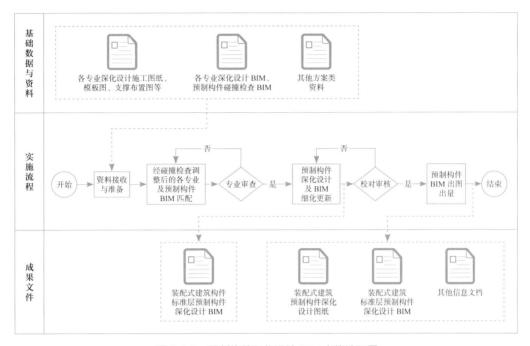

图 9.3.3　预制构件深化设计 BIM 实施流程图

9.3.4 实施细则

1　收集数据资料，及时审核与沟通，确保资料的可用性、准确性与时效性。

2　充分了解预制装配式建筑设计任务书，由深化设计单位和预制构件加工厂家议定预制构件深化设计原则和相关要求。

3　根据预制构件深化设计原则和相关要求，结合碰撞检查报告或变更意见，深化设计单位进行预制构件 BIM 及图纸的修改或补充。

4　深化设计单位通过整合建筑、结构与机电专业的 BIM，在预制构件模型上添加钢筋布置、埋件、机电预埋预留孔洞等信息，并由模型直接统计混凝土体积与重量，钢筋与金属件的类别、型号与数量等材料信息，导出整理后形成符合要求的信息模型及表格文件。

5　在深化后的三维 BIM 得到的各个平面和断面上进行定位和标注，按需求创建该预制构件的深化设计图纸。

6　复核图纸，确保图纸的准确性。

9.3.5 成果文件

1 装配式建筑预制构件深化设计图纸。符合国家、省市装配式建筑评价（评分）要求及工厂生产的相关要求，并具备能指导现场安装施工可行性的预制构件深化设计图纸。

2 装配式建筑构件标准层预制构件深化设计 BIM。按照相关要求深化后的装配式建筑标准层 BIM，及包含钢筋布置、埋件、机电预埋预留孔洞等完整设计信息的最新预制构件 BIM。

3 其他信息文档。按需求根据三维 BIM 直接导出的相关信息文件，包括但不限于：材料表、构件工程量统计表、项目构件种类明细表、生产模具种类清单等。

9.3.6 应用价值

通过 BIM 信息化、可视化的特点，能够高效地实现装配式构件的深化设计，既能保证构件深化的准确性，也能利用模型的信息对接工厂直接生产加工。

9.3.7 应用案例

盛腾科技工业园项目位于深圳市深汕特别合作区鹅埠镇建设西路，占地 10 万 m^2，建筑面积约为 6.8 万 m^2，属于工业建筑，建设规模和工艺布置程度均居深圳地区预制工厂的前列。项目结构为单层的全装配式干式连接的 PC 排架 – 大跨双 T 形板混凝土结构，主要受力构件的梁、板、柱及围护墙采用预制混凝土结构，柱间支撑、桁架轨道梁为钢支撑及钢梁。主体水平构件上，主要为屋面板、桁架轨道梁和结构梁，其中桁架轨道梁为钢结构，屋面板为预制预应力双 T 形板，有带天窗的双 T 形板和不带天窗的双 T 形板两种。园区整体建造理念按照"EPC+BIM+ 绿色建筑 + 装配式建造"一体化建造模式打造。

项目实施过程中，通过 BIM 技术应用的三维模式传达，可更清晰、直观地表示预制构件的分布、节点设计、施工模拟等装配式设计信息。为防止信息传递过程中的流失，保证设计意图的传达，BIM 技术的应用包括但不限于：预制构件预留预埋位置信息核对、构件分布与主体专业模型碰撞检查、安装节点预拼装模拟比对、构件运输路线与起吊方式交底等，通过 BIM 协同设计与施工，促进"设计—生产—施工"一体化模式的落地实施。

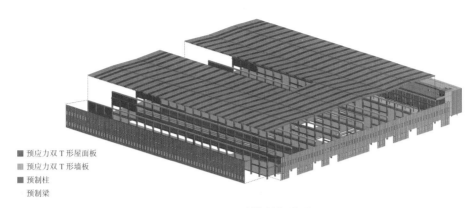

■ 预应力双 T 形屋面板
▨ 预应力双 T 形墙板
■ 预制柱
　预制梁

图 9.3.7-1　预制构件拆分图

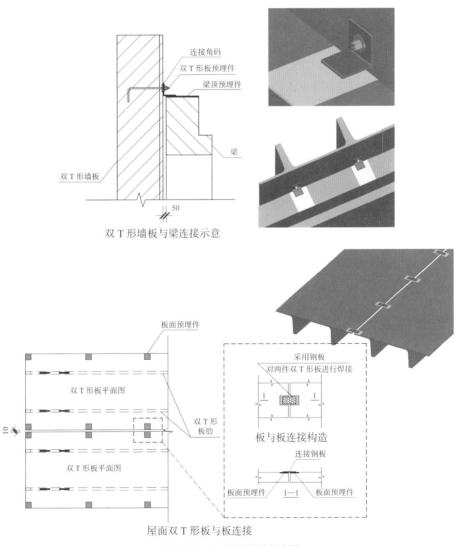

图 9.3.7-2　预制构件节点图

图 9.3.7-3　构件吊装模拟图

9.4　幕墙深化设计

9.4.1　概述

幕墙深化设计是通过三维软件，解决幕墙设计中在图纸上难以体现的工程量、安装定位、下料计算、三维模型及出图等问题，达成工艺设计、三维扫描辅助安装定位、施工模拟等成果的设计方式。

9.4.2　基础数据与资料

1　幕墙设计平面及立面图。

2　型材表及大样图。

3　对应三维模型。

4　其他相关资料。

9.4.3　实施流程

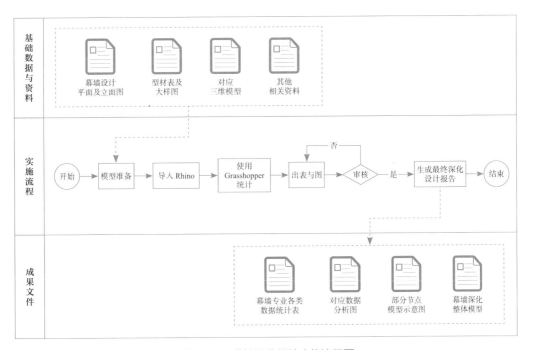

图 9.4.3　幕墙深化设计实施流程图

9.4.4 实施细则

1 整理相关图纸与既有模型。

2 根据施工图设计模型、对应需求和其他相关资料等，对既有模型的不规范之处进行更正，使幕墙单元实现标准化批量生产，并分组统计对应的参数。

3 输出所需数据并汇总成表。

4 依据对应的数据，制作对应的分析图并提交相关部门审核。

5 编制施工深化设计方案并进行技术交底。

9.4.5 成果文件

1 幕墙专业各类数据统计表。

2 对应数据分析图。

3 部分节点模型示意图。

4 幕墙深化整体模型。

9.4.6 应用价值

1 规范化幕墙，可按所需数量和体积分类同一幕墙单元，避免模型中每个幕墙单元都不同，以致难以运用到现实施工的窘境；

2 精确化指导，程序统计的工程量能快速给出最低使用材料量，标准的坐标数据能指导现场精准安装等。

9.4.7 项目案例

深圳市青少年足球训练基地项目在幕墙工程深化中进行节点优化、三维交底，将施工难点在模型中展示并提前发现、解决问题，提高了交底效率，促进了各方积极沟通。

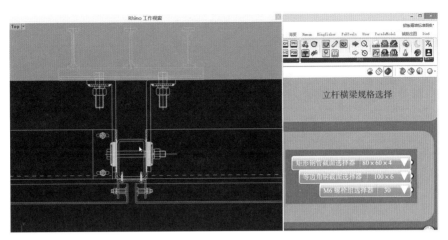

图 9.4.7-1　幕墙龙骨深化

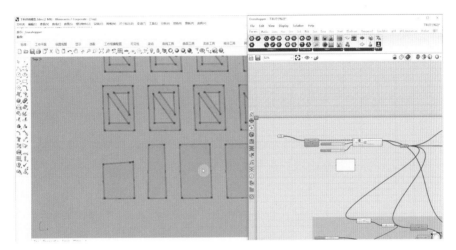

图 9.4.7-2　幕墙面板深化

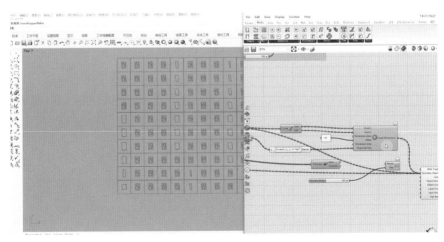

图 9.4.7-3　幕墙深化排版

图 9.4.7-4　幕墙整体效果

9.5　机电深化设计

9.5.1　概述

　　机电安装工作面大、施工范围广，因此在机电深化设计和安装的过程中，需要根据机电深化设计的现场施工实际情况对图纸进行重新设计，才能确保机电深化设计图纸符合施工需求，并最大限度地确保相关机电设备的正常运行。在机电设计中应用 BIM 技术，能够很好地发现设计图纸和实际施工中存在的差异，可以及时对设计图纸进行修正，使机电安装更加合理，从而确保机电安装工作有效地开展，防止施工中出现的各种问题，提高建设施工的整体品质。

9.5.2　基础数据与资料

　　1　给水排水施工图。

　　2　电气施工图。

　　3　通风施工图。

　　4　智能化施工图。

　　5　设计变更。

　　6　土建模型。

　　7　机电样板文件。

　　8　其他相关资料。

9.5.3 实施流程

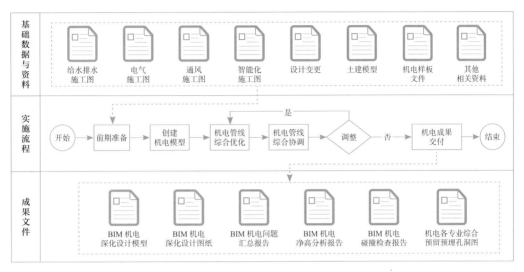

图 9.5.3　机电深化设计实施流程图

9.5.4 实施细则

1　收集数据，并确保数据的准确性。

2　施工单位依据设计单位提供的施工图和施工图设计模型，根据自身施工特点、现场情况及图纸变更单等，建立并完善深化设计模型。该模型应根据实际采用的材料设备及实际产品的基本信息进行构建和深化。

3　BIM 实施参与方结合自身专业经验或与施工技术人员配合，对机电深化设计模型的施工合理性、可行性进行甄别，并进行相应的调整优化，达到满足施工要求的目的。

4　对深化设计后的机电模型实施碰撞检查并解决碰撞问题。

5　机电深化设计模型通过建设单位、设计单位及其他相关单位的审核与确认，最终生成可指导施工的三维图形文件及二维深化施工图、节点图等成果。

9.5.5 成果文件

1　BIM 机电深化设计模型。应包含满足工程实体施工需求的基本信息，并能够清晰表达关键节点的施工工艺方法。

2　BIM 机电深化设计图纸。应基于 BIM 机电深化设计模型输出，满足施工条件并符合行业规范及承包合同的要求。

3　BIM 机电问题汇总报告。结合土建模型找出复杂的交叉位置，发现各项专业在设计上存在的矛盾，对单项工程原来布置的走向、位置有不合理或与其他专业发生冲突的现象，给出调整位置和互相协调的意见，形成机电问题汇总报告，会同各专业或设计单位商讨解决。

4 BIM 机电净高分析报告。净高分析是通过 BIM 模拟建造，可以形象、直观、准确地表现出每个区域的净高，根据各区域净高要求及管线排布方案进行净高分析，提前发现不满足净高要求、功能和美观需求的部位，形成机电净高分析报告，会同各专业和设计单位进行沟通并做出相应调整。

5 BIM 机电碰撞检查报告。使用 BIM 软件等相关工具对现有模型进行冲突记录并导出相关碰撞报告，报告中会指出发生冲突的位置以及发生碰撞构件的 ID。通过碰撞检查在施工之前尽早发现未来可能出现的问题并及时进行相关专业沟通协调。

6 BIM 机电各专业综合预留预埋孔洞图。

9.5.6 应用价值

1 机电管线综合优化。BIM 机电综合管线优化技术是在机电管线未安装前，根据施工图纸对管线进行建模及优化的技术。在优化过程中，可以直观地看到管线之间的碰撞问题，精确地控制、调整管线的位置和高度，从而解决各专业间存在的配合问题，从根本上解决管线碰撞问题，使管线安装更加紧凑，节约施工成本，也提高了管线布置的美观性。

2 机房深化。以 BIM 技术为基础，提前确认现场施工方案和找出施工问题，有效解决机房设计选型余量大、设计与现场不符以及施工阶段人工操作不规范等问题。解决了常规建造模式下设计、安装、调试过程中的各项技术难点，使现场施工与设计设想完全一致，同时还能起到进一步优化设计、校验设计的作用。

3 综合支吊架深化。根据综合管线布置的方案，对支吊架进行三维布置并对其进行优化，既可用于指导施工，又可根据三维尺寸来预制支吊架的类型，提高工作效率。

4 抗震支架深化。根据综合管线布置的方案，进行抗震支架布置和深化，利用 BIM 技术对抗震支架进行校验，复核是否满足空间安装要求等。

5 预留预埋孔洞深化。根据综合管线优化方案，将管线深化完成后的 BIM 与设计施工图纸中预留预埋孔洞的位置进行对比，对于预留预埋孔洞位置与管线穿过位置不符的区域和应该增加预埋套管的区域，形成记录并提交，以减少施工成本，提高施工效率。

6 净高分析。根据管线综合优化方案，对空间狭小、管线密集或净高要求高的区域进行净高分析，提前发现不满足净高要求功能和美观需求的部位，避免后期设计变更，从而缩短工期、节约成本。

　　7　机电 BIM 深化施工图。完成综合管线的碰撞检查与修正、确保整体模型的合理性与可行性后，按照专业修正的模型完成深化施工平面图，除此之外还可以完成机电各专业施工大样、综合管线剖面图（关键节点与复杂节点）、净高分析图、局部三维视图等用于指导具体施工。

9.5.7 项目案例

　　天健天骄项目位于深圳市福田区中部，莲花路与景田路交会处西南侧，含住宅、商业、公共配套设施；由 7 栋单体建筑组成，用地面积 $31787.4m^2$，总建筑面积 $302842m^2$。其中 1 号 C 座、D 座为装配式建筑，7 栋均为超高层，其中 1 号 C 座高 155.9m。

　　该项目具有众多施工难点。项目中南苑地块主体总工期为 356 天，因此需要开展全专业分段施工，管线综合需提前介入，需要解决管线综合碰撞及安装问题。通过利用 BIM 技术，辅助解决现场施工工艺复杂交底困难、管线综合等问题。BIM 技术应用于管线综合深化、机电问题汇总、碰撞检查、净高分析、综合支吊架布置、BIM 深化出图等。通过 BIM 机电深化设计，避免现场返工、节省成本、提升效率。图 9.5.7-2 为 BIM 与现场落地效果对比图。

图 9.5.7-1　天健天骄项目效果图

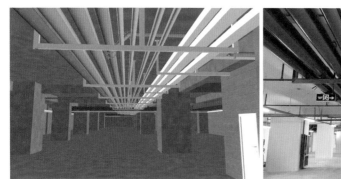

图 9.5.7-2　BIM 与现场落地效果对比图

9.6　施工场地布置及优化

9.6.1　概述

施工场地布置及优化是对施工各阶段的场地地形、既有建筑设施、周边环境、施工区域、临时道路、临时设施、加工区域、材料堆场、临水临电、施工机械、安全文明施工设施等进行布置和优化，实现场地布置科学合理的过程。

9.6.2　基础数据与资料

1　施工图设计模型或施工深化设计模型。

2　施工场地信息（如规划文件、地勘报告、GIS 数据、电子地图等）。

3　施工场地规划、施工机械设备选型初步方案。

4　进度计划。

5　其他相关资料。

9.6.3 实施流程

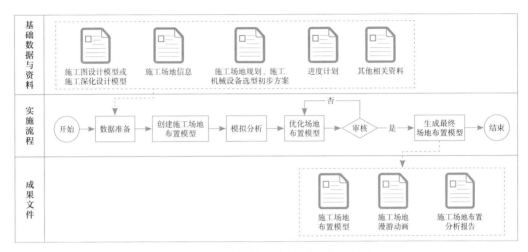

图 9.6.3 施工场地布置及优化实施流程图

9.6.4 实施细则

1 收集数据，并确保其准确性。

2 根据施工图设计模型或施工深化设计模型、施工场地信息、施工场地规划、施工机械设备选型初步方案以及进度计划等，创建施工场地布置模型（包括场地地形、既有建筑设施、周边环境、施工区域、道路交通、临时设施、加工区域、材料堆场、临水临电、施工机械、安全文明施工设施等）。

3 对施工场地布置模型进行经济和技术模拟分析。

4 依据模拟分析结果，选择最优施工场地布置方案，生成模拟演示视频并提交相关部门审核。

5 编制场地布置方案并进行技术交底。

9.6.5 成果文件

1 施工场地布置模型。

2 施工场地漫游动画。施工场地漫游动画应动态表达施工各阶段的场地地形、既有建筑设施、周边环境、施工区域、临时道路、临时设施、加工区域、材料堆场、临水临电、施工机械、安全文明施工设施等布置情况。

3 施工场地布置分析报告。施工场地布置分析报告应包含模拟分析结果、优化建议及相关可视化资料等。

9.6.6 应用价值

1   施工场地优化。为现场施工场地布置提供合理化分析报告，根据空间位置协助判断二维平面无法直观表达的问题，辅助现场解决机械设备、物品等内容摆放、行进合理性等问题。

2   可视化交底。以三维轻量化模型、漫游视频等形式展现各方最终确认后的场地布置内容，该形式更为形象、直观。

3   工程量计算。可充分发挥 BIM 优势，借助 BIM 软件对各阶段施工场地布置模型单元进行工程量统计，为物资采购及提前招标提供相应支持。

9.6.7 项目案例

深圳市青少年足球训练基地项目场地布置过程中，在基坑阶段、主体阶段、装饰装修等阶段采用 BIM 技术，可直观、真实、全方位、参数化、快速、精准模拟施工环境，确保施工进度按计划有序进行。

图 9.6.7-1   基坑阶段三维场地布置

图 9.6.7-2   主体阶段三维场地布置

9.7　施工方案模拟及优化

9.7.1　概述

施工方案模拟应包含施工组织模拟和施工工艺模型。在施工图设计模型或深化设计模型的基础上增加建造过程、施工顺序、施工工艺等信息，进行施工过程的可视化模拟，并充分利用建筑信息模型对方案进行分析和优化，提高方案审核的准确性，实现施工方案的可视化交底。

9.7.2　基础数据与资料

1　施工图设计模型或施工深化设计模型。

2　主要施工工艺和施工方案。

3　工程项目施工图纸。

4　工程项目的施工进度计划。

5　施工现场的自然条件信息。

6　其他相关资料。

9.7.3　实施流程

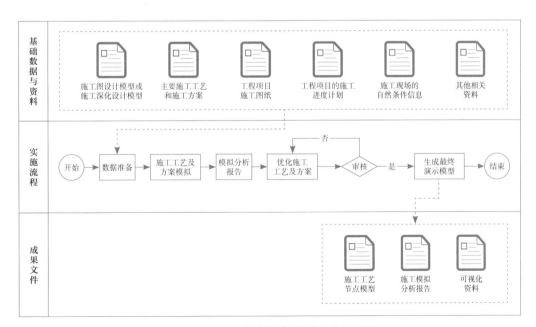

图 9.7.3　施工方案模拟及优化实施流程图

9.7.4 实施细则

1   收集数据，并确保数据的准确性。

2   施工组织模拟应结合工程项目的施工工艺和施工方案，对施工过程进行模拟，记录模拟过程中出现的工序交叉及工艺流程中的不合理工序，形成施工方案模拟分析报告及方案优化指导文件。

3   施工组织模拟应根据工程特点、现场施工环境和条件、施工内容、工艺选择及配套资源等，明确工序间的搭接、穿插等关系，优化项目工序安排。

4   施工组织模拟中的资源配置模拟应根据施工进度计划、合同信息及各施工工艺对资源的需求等，优化资源配置计划，实现资源利用最大化。

5   针对局部复杂的施工区域，应进行重难点施工方案模拟，编制方案模拟报告，并与施工部门、相关专业分包协调施工方案的编制与优化。

6   通过对不同施工工艺与施工方案的模拟分析，比选出最优施工方案，生成模拟演示视频并将模拟演示视频与施工方案一起提交给施工部门审核。

7   完善优化后的最终版施工工艺及施工方案演示模型，生成模拟演示动画视频等。

9.7.5 成果文件

1   施工工艺节点模型。

2   施工模拟分析报告。应包含对不同施工工艺与施工方案中存在的问题的分析以及合理的优化建议。

3   可视化资料。应包括施工工艺和施工方案模拟视频，模拟视频应包含对重点施工区域和关键部位的工序模拟，准确表达工艺流程。

9.7.6 应用价值

1   数据对比直观。利用 BIM 技术对方案进行分析，相对于传统二维层面的数据分析，三维模型分析导出的数据将更加全面，让方案分析对比更为直观、可靠。通过 BIM 的三维施工模拟，为现场指导和设计优化提供可靠数据，为项目施工进度提供数据支撑。

2   便于方案优化与选择。利用 BIM 技术对方案进行模拟，对方案合理性进行验证。采用 BIM 技术完成施工场地、施工设备、施工方案等各项工序的模拟及优化，可模拟多种方案情况，选择最优方案，并且能够提高方案编制的质量。

3 可视化交底。运用 BIM 技术对方案模拟交底，与传统交底方式相比，更为简洁、直观，提升了方案交底效率。

9.7.7 项目案例

深圳市青少年足球训练基地项目按照《危险性较大的分部分项工程安全管理规定》，有一部分区域搭设高度在 8m 及以上，搭设跨度在 18m 及以上，荷载大、工期紧、场地狭窄，施工较困难。采用 BIM 技术进行方案模拟，提前演示模板、脚手架搭设过程及整体施工工序，有利于现场指导班组施工。

图 9.7.7-1 模板脚手架施工方案模拟

图 9.7.7-2 模板支撑架布置

图 9.7.7-3　吊模施工

9.8　施工图预算与招标投标清单工程量计算

9.8.1　概述

施工图预算与招标投标工程量清单计算是在工程施工图和招标阶段进行，在施工图设计模型基础上，依据招标投标相关要求，附加招标投标信息，按照招标投标确定的工程量计算原则，利用模型编制施工图预算与招标工程量清单；同时再辅以相应预算定额、材料价格自动计算最高投标限价等应用，实现"一键工程量计算"；以提高施工图预算工程量计算和工程量清单编制的效率和准确性。

招标投标阶段的工程量计算是项目全生命期中最为重要的环节之一，本阶段的工程量数据不仅是甲乙双方签订合同的重要依据，也是项目目标成本编制的必要参考。本阶段预算模型在设计模型和概算模型的基础上深化、细化，除需考虑设计的相关因素，还需考虑将施工中可能用到的"工艺做法"等信息与模型构件匹配，以满足工程量清单招标编制的要求，并在项目建造实施前，配合目标成本的编制、招采与资源计划的制订等相关工作。

9.8.2　基础数据与资料

1　设计概算成果文件（用来进行与施工图预算成果进行比对）。

2　（供招标投标使用的）施工图设计文件。

3　招标投标工程量计算范围、计量要求及依据等文件。

9.8.3　实施流程

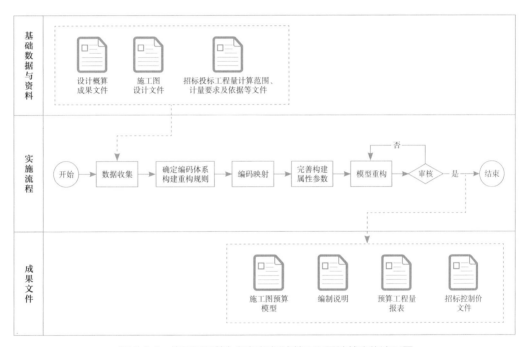

图 9.8.3　施工图预算与招标投标清单工程量计算实施流程图

9.8.4　实施细则

1　收集工程量计算和计价需要的模型和资料数据，并确保数据的准确性。

2　根据招标投标阶段工程量计算范围、招标投标工程量清单要求及依据，确定工程量清单所需的构件编码体系与计量要求。

3　在用于招标的施工图设计模型基础上，与算量构件类型匹配，完成模型中构件与工程量计算分类的对应关系。

4　完善预算模型中构件属性参数信息，如"尺寸""材质""规格""部位""工程量清单规范约定""特殊说明""经验要素""项目特征""工艺做法"等影响工程量清单计算的相关参数。

5　根据工程量清单统计的要求设定工程量清单计算规则，以确保构件扣减关系的准确，最终生成满足招标投标阶段工程量清单编制要求的"施工图预算模型"。

6　按招标工程量清单编制要求，进行工程量清单的编制，完成工程量的计算、分析、汇总，导出符合招标投标要求的工程量清单表，并详述"编制说明"。可利用工程量清单、定额、材料价格等计算最高投标限价。

9.8.5　成果文件

1　施工图预算模型。模型应准确体现计量要求，可根据空间（楼层）、时间（进度）、区域（标段）、构件属性参数及时、准确地统计工程量数据；模型应准确表达预算工程量计算的结果与相关信息，可配合招标投标相关工作。

2　编制说明。编制说明应表述本次计量的范围、要求、依据以及其他内容。

3　预算工程量报表。预算工程量报表应准确反映构件净的工程量（不含相应损耗），加工后符合行业规范与本次计量工作要求，作为招标投标和目标成本编制的重要依据。

4　招标控制价文件。根据符合计算规则的工程量报表，借助于模型的计价模块或者其他计价软件根据现行的定额快速组价，最终形成一套完整的招标控制价文件。

9.8.6　应用价值

施工图预算工程量计算和编制。施工单位在施工准备阶段，可深化施工图模型和预算模型，利用审核确认的模型编制更精细化的工程量清单，配合进行目标成本的编制、招采与资源计划的制订。通过碰撞检查等手段，减少设计错误，避免设计变更，节约施工成本；通过精准算量、方案优化，减少未来可能出现的返工，缩减时间，节约时间成本。

9.9 预制构件模具配套应用

9.9.1 概述

根据预制构件深化设计单位提供的预制构件 BIM 及相关预制构件深化图，结合制造厂家的生产或脱模与起吊的方式等相关信息资料，进行模具设计与制作，并形成符合要求的三维模具模型。由制造厂家复核无误后，进行材料采购准备、模具制造、模具试拼装与验收、模具进场与安装等系列工作。如有条件，可利用已有的预制构件 BIM 对接模具厂的相应设备，完成自动化模具配套与优化，模拟预拼装及下料生产组件等。通过 BIM 技术辅助配套设计与深化、材料选型与生产管理，预拼装与检查复核，可大大减少材料浪费、节省人力和时间投入，有利于厂商提高生产效率、提升产品质量。

9.9.2 基础数据与资料

1 预制构件深化图纸及技术资料。
2 生产模具种类需求清单。
3 模具成品验收标准与程序、供货进度要求。

9.9.3 实施流程

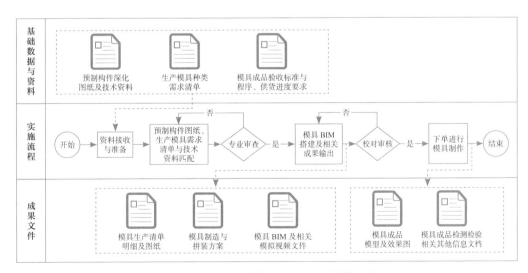

图 9.9.3　预制构件模具配套 BIM 实施流程图

9.9.4 实施细则

1 收集数据资料，及时审核与沟通，确保资料的可用性、准确性与时效性。

2 根据预制构件深化设计图纸及相应 BIM、生产模具清单、构件制造厂家的生产或脱模与起吊方式需求等相关信息资料，分类梳理满足该项目构件生产要求的模具制造方案及图纸，并与构件生产厂家对接。

3 按已沟通确认过的模具制造方案进行模具 BIM 搭建，核对模具组件种类、数量和组装方式等相关信息，进行预拼装模拟，并输出模具清单明细，确认无误后，指导模具批量制作。

4 模具成品在自检合格的基础上，准时运输到构件厂，进行模具的进构件厂检验、外观检查、拼装、后加工、调试及复检、试生产等准备工作执行。

5 完成该批次模具成品的交付与使用，并按照模具相关使用管理或保养规定，妥善处理模具生产、清扫、保养及完工后的模具回收等相关工作。

6 在模具完成后，预制构件进场时，应对所有进场的预制构件进行品种、规格、尺寸和外观要求进行检查。同时现场应具备安装条件，安装部位应清理干净。

7 根据预制构件的种类进行班前技术安全交底。预制构件吊装过程中，宜设置缆风绳控制构件转动。构件吊装就位后，应及时校准，并采取临时固定措施。

9.9.5 成果文件

1 模具生产清单明细及图纸。
2 模具制造与拼装方案。
3 模具 BIM 及相关模拟视频文件。
4 模具成品模型及效果图。
5 模具成品检测检验相关信息文档。

9.9.6 应用价值

预制构件模具的深化应用，能够更好地检查模具与预制构件是否匹配，同时能够实现模具的可视化操作，提高预制构件的生产效率。

9.9.7 应用案例

预应力混凝土构件可扩展组合式长线台生产线项目，全模台长度 140m，是由多于两种的标准模具单元组合而成，真正实现模具的可扩展性和组合性。通过模具上的高度调节装置和宽度调节装置，能够实现一条生产线生产不同高度与不同宽度的双 T 形板，通过长度调节装置能够实现工程不同跨度双 T 形板的需求，长度、高度、宽度调节可以同时进行，也可以择一进行，操作方便，大大提高了生产效率。

利用 BIM 技术可对该生产全模台的模具单元进行三维模拟建造，核对构配件数量及尺寸信息，配合实施模具组装、构件生产、构件脱模调运等工序模拟及模具进厂拼装与验收。运用 Ansys 工具对组合模具强度校核，设置模具的约束环境，在相关部位施加相应载荷，进行相关内力分析。该模具生产线于 2017 年 10 月31 日在深汕特别合作区盛腾科技工业园有限公司顺利投产，先后在盛腾科技工业园厂区、深福保科技生态园、珠海双 T 形板、珠海大数据中心二期等项目上应用落地。

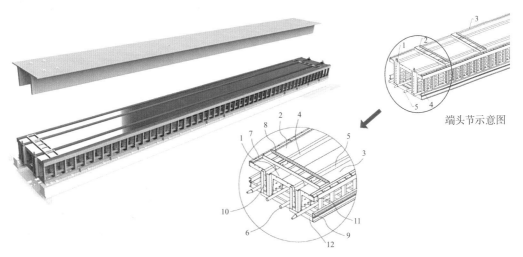

1—中间面板；2—左面板；3—右面板；4—左 T 肋模具槽；5—右 T 肋模具槽；6—蒸养管道；
7—边模框架；8—顶部端模框架；9—轨道；10—张拉锚固板；11—套管；12—底座

图 9.9.7-1　模具组合示意图

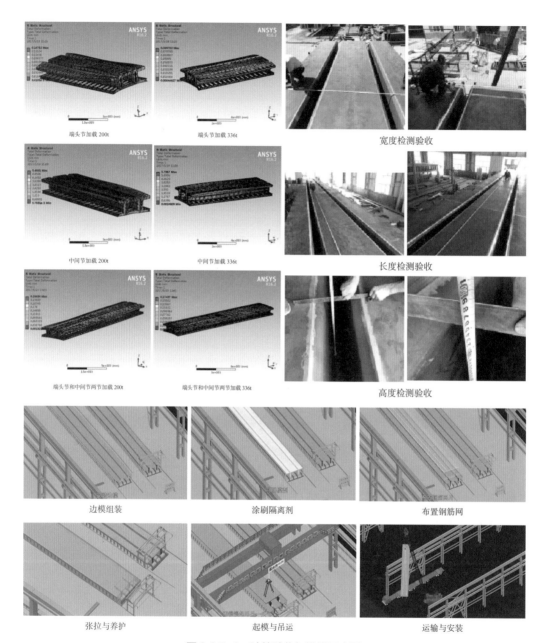

端头节加载 200t　　　　端头节加载 336t　　　　宽度检测验收

中间节加载 200t　　　　中间节加载 336t　　　　长度检测验收

端头节和中间节两节加载 200t　　端头节和中间节两节加载 336t　　高度检测验收

边模组装　　　　　涂刷隔离剂　　　　　布置钢筋网

张拉与养护　　　　　起模与吊运　　　　　运输与安装

图 9.9.7-2　验算验收与模拟示意图

9.10　构件生产与信息化管理

9.10.1　概述

根据预制构件深化设计单位提供的包含完整设计信息的预制构件 BIM 和预制构件深化设计图，添加生产与运输所需的信息。利用预制构件信息模型导出的数据对接生产设备，按需求完成模具应用配套排产计划、构件生产、编码设置、产品检测及装车运输等相关工作的执行流程。应用 BIM 信息化智能管理平台辅助生产管控，实现构件生产的自动化、可视化、信息化、可追溯化，保障生产运营的管理能力。

9.10.2　基础数据与资料

1　预制构件深化设计图及相关 BIM。
2　预制构件深化图纸及相关技术资料。
3　构件生产管理信息系统及相关技术资料。

9.10.3　操作流程

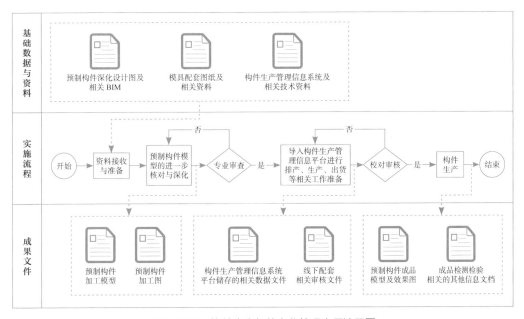

图 9.10.3　构件生产与信息化管理应用流程图

9.10.4　实施细则

1　收集数据资料，及时审核与沟通，确保资料的可用性、准确性与时效性。

2　在深化设计单位提供的预制构件 BIM 基础上进一步深化，并添加生产加工所需的其他必要信息，如生产顺序、生产工艺、生产时间、临时堆场位置等，形成预制构件加工 BIM。并与施工单位协商，在模型内添加构件编码、对运输车辆的要求、运输时间、运输路线、装卸要求等信息。

3　将预制构件加工 BIM 数据导出，进行编号标注，生成预制加工图及配件表。

4　将预制构件加工 BIM 的信息导出规定格式的数据文件，输入工厂的生产管理信息系统，指导安排生产作业计划。

5　根据预制构件加工 BIM 中导出的数据，按规定格式导入自动化生产设备中，指导完成相应预制构件的生产制造与养护。

6　构件出厂前在构件上设置与预制构件加工信息模型相对应的编码。

7　根据预制构件的运输信息，配合数字化智能管理平台对构件的运输进行信息化管理与跟踪服务，确保构件按时、保质、有序运输到施工现场。

9.10.5　成果文件

1　预制构件加工模型。应包含生产加工所需的必要信息。

2　预制构件加工图。应体现构件编码、材料、构件轮廓尺寸、钢筋与预埋件的类型、数量与定位信息，达到工厂化制造的要求，并符合相关行业的出图规范。

3　构件生产管理信息系统平台存储的相关数据文件。包含"设计—生产—存放—运输安装"等完整流程相关的指导实施及检测备案文件。

4　线下配套相关审核文件。

5　预制构件模型及效果图。

6　成品检测检验相关的其他信息文档。

9.10.6　应用价值

在预制构件从设计、深化、生成、安装过程中，实现预制构件的信息化管理，既能提高预制构件的生产质量，又能减少构件生产过程中的材料损耗，同时能准确地指导预制构件的运输及现场安装，有利于实现装配式建筑的高质量发展。

9.10.7 应用案例

书香雅苑项目位于深圳市深汕特别合作区鹅埠片区，总用地面积 40526m²，总建筑面积约 196120.13m²。项目分两期建设，一期建设规模 127057.19m²，含地下室、1栋1~3单元、2栋及幼儿园。该项目共有7954件预制构件，其中预制凸窗1476件，预制叠合板6478件，共计混凝土方量约4616.769m³。

项目构件生产过程信息化管理，是利用已建立的BIM信息模型，进行构件工程量统计、标准化构件汇总计算以及精细化出量核对等相关应用，用以辅助生产下料。并与PCMES数字化智能制造管控平台相结合，以项目信息、PC构件档案、生产工艺路线、模具模台等生产资源信息的数字化为基础，实现了从项目需求计划到生产计划、生产工艺工序管理、PC构件产品出入库管理的生产全业务流数字化管控，项目生产制作、管控、仓库核查、堆场管控、发货物流等全过程可追溯式管理，最终形成以项目管理为主线、质量管控为核心、数字追溯为要点的生产运营保障模式。

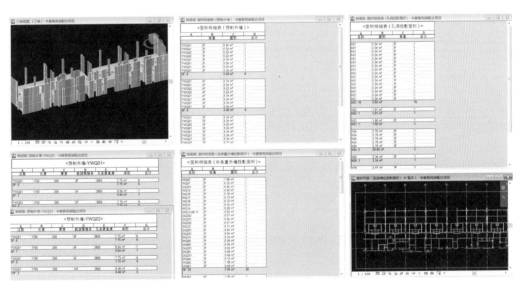

图 9.10.7-1 项目构件信息表导出示意图

图 9.10.7-2　生产与领料单联动示意图

图 9.10.7-3　平台管控应用示意图

10 施工实施阶段

施工实施阶段的主要内容是基于建筑信息模型技术的施工现场管理，选用合适的建筑信息模型软件，结合施工准备阶段的模型进行集成应用。施工实施阶段的项目管理工作可结合平台实施应用。

10.1 施工协同平台管理

10.1.1 概述

施工协同平台管理主要是以 BIM 为基础，在平台进行模型集成及轻量化处理，以提高 BIM 利用率，实现数据集成和提取，提升管理技术水平，推动项目进度、促进资源节约、保障质量和安全为目标的管理。施工协同管理平台需满足平台化、轻量化、移动化、协同化、专业化等需求。

10.1.2 基础数据与资料

1 施工图模型（包括 GIS 空间模型、场地布置模型、基坑模型、土建模型、机电模型、装饰装修模型、算量模型、措施模型等）。

2 施工过程相关资料（如图纸文件、施工组织方案、技术资料、进度计划、计价文件等）。

10.1.3　实施流程

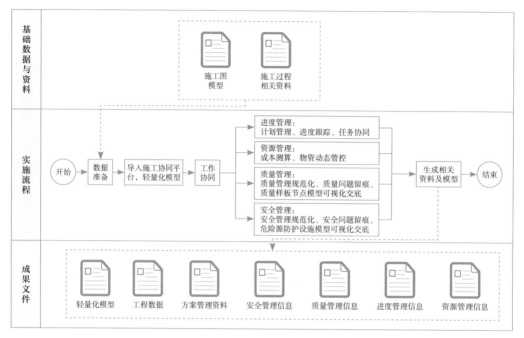

图 10.1.3　施工协同平台管理实施流程图

10.1.4　实施细则

1　收集数据，并确保数据的准确性。

2　检查施工图模型、施工过程相关资料是否齐全并满足使用要求。

3　将施工图模型、施工过程相关资料上传至平台，由平台自动进行轻量化处理等。

4　利用轻量化模型进行模型数据提取、文档资料传输共享、方案流程线上审批等协同管理。

5　以轻量化模型为依托，开展进度管理、资源管理、质量管理、安全管理等BIM+ 应用。

6　审核最终成果文件，成果文件应满足有关部门相关要求。

10.1.5　成果文件

1　轻量化模型。应具备可在电脑端、手机端等移动终端浏览，剖切，漫游等特点，且应满足实现 BIM+ 应用的相关要求。

2 工程数据。从模型中所提取的相关工程数据，如模型构件信息、工程量、人、材、机等相关资源数据。

3 方案管理资料。平台设置相关审批流程进行固化管理，如设计变更，施工方案审批流程，生成合规资料。

4 安全管理信息。应包括项目安全问题部位分布情况、安全资料、安全问题检查台账、危险性较大的分部分项工程管理资料。

5 质量管理信息。应包括项目质量问题部位分布情况、质量问题检查台账、工序验收数据。

6 进度管理信息。应包括各层级进度计划、实际与计划进度对比情况、进度管理模型。

7 资源管理信息。资源管理信息应包括资源分析报告、施工段工程量表、材料汇总表、现场资源量控方案、资源曲线等。

10.1.6 应用价值

1 施工指导。在建造过程中，各参与方可通过轻量化三维模型进行浏览，配合剖切、漫游、测量等功能辅助模型进行施工指导。

2 数据集成。可以通过轻量化模型采集施工过程中各种类型信息，如施工过程信息、资料文档信息，存储并进行各阶段数据信息传递。

3 提高工作效率。通过工作协同实现信息快速传输，降低信息延误率，施工过程各参与方可及时了解工程相关信息，将工作任务落实到相关责任人，从而及时做出相关决策，提高工作效率。

4 智能决策。协同平台利用大数据、AI、云计算等数字化技术进行数据智能化集中运算，建设过程中数据驱动的决策体系，实现智能决策。

5 精准分析。利用 IOT 技术实时采集现场数据，安全、质量问题定位与模型挂接，实现问题精准分析。

6 工期管控。周计划与总进度计划联动，计划挂接模型，施工管理任务派发到人，实时更新现场施工进度，达到进度可视化，做到管理人员精准把控现场进度。

7 成本节约。以 BIM 为基础、计价文件为依据、施工进度计划为主线，自动生成不同建造阶段所需人、材、机等相关资源曲线，从而合理把控现场资源的分配，实现成本节约。

10.1.7 项目案例

深圳机场南货运区货代一号库项目位于宝安国际机场扩建区领航二路与机场南路（空港一道）交会处，在深圳机场 T3 航空货站机坪南端南货运区 N02-06 地块内，计容面积 82099.35m^2，不计容面积 5323.89m^2，容积率 1.35，绿地率 10%，建筑高度 15.2m。拟建建筑物为两栋二层货代仓库，地上 2 层，地下一层为车库。

图 10.1.7-1   深圳机场南货运区货代一号库项目效果图

项目借助 BIM 平台具有模型集成、轻量化应用、管理协同能力的优势，对现场的进度、资源、质量、安全等进行管控，实现精细化管理、管理闭环、精益建造；借助 BIM、信息化实现多业务管理协同、及时预警风险、提升技术管理水平、合理高效决策，从而加快项目进度并实现成本节约、质量提升。

图 10.1.7-2 协同管理平台

10.2 进度管理

10.2.1 概述

基于建筑信息模型的进度管理，主要是通过计划进度和实际进度的比对，找出差异，分析原因，从而实现对项目进度的合理控制与优化。进度管理应包括进度计划编制、建筑信息模型进度可视化、计划进度跟踪对比分析等应用点，辅助项目管理者快速、便捷地反馈生产进度情况，消除风险，缩短工期。

10.2.2 基础数据与资料

1 施工图模型。
2 施工进度计划。
3 施工现场实际进度资料。
4 其他相关资料。

10.2.3　实施流程

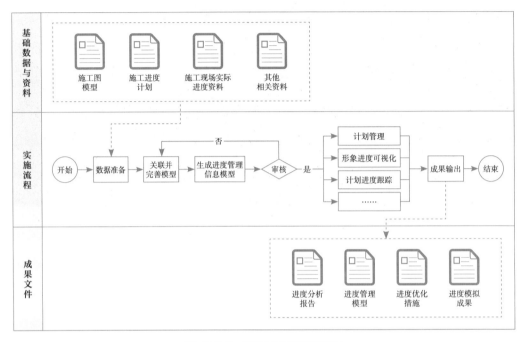

图 10.2.3　进度管理实施流程图

10.2.4　实施细则

1　根据不同深度、不同周期的进度计划，创建相对应的项目工作分解结构，分别列出各进度计划的活动内容。

2　将进度计划与模型相关联，生成施工进度管理模型。

3　分析项目实际进度与计划进度间的偏差，指出项目中存在的潜在问题，并生成施工进度控制报告。

10.2.5　成果文件

1　进度分析报告。

2　进度管理模型。可视化进度管理文件资料。

3　进度优化措施。

4　进度模拟成果。

10.2.6 应用价值

1 计划管理。计划管理体系化，快速、便捷地反馈生产进度情况，消除风险，缩短工期。

2 任务分派。做到职责清晰，用数据说话，协同效率提升。

3 进度跟踪。任务责任到人，过程动态实时共享，自动输出相应的资料或表格，过程资料留存。

4 成本管控。对比分析当期实际完成部分与计划完成部分的工程量，通过对比已发生成本与当期应完成预算金额，判断施工成本是否超出计划成本；既能明晰项目进度及成本控制情况，又能利用 BIM 建筑模型直观反馈工程进度及成本控制状态。

10.2.7 项目案例

深圳机场南货运区货代一号库项目，结合进度相关资料，生成相关进度管理信息模型，借助平台进行进度管理，达到计划管理体系化、消除风险、缩短工期的目的，实现生产任务线上派分、职责清晰、协同效率提升、生产资料自动输出。

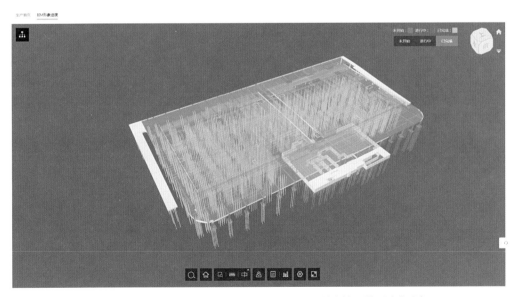

图 10.2.7　深圳机场南货运区货代一号库项目进度管理模型（节选）

10.3 资源管理

10.3.1 概述

基于资源管理模型输出的相关数据，结合施工现场的施工组织设计方案，可生成资源分析报告、构件工程量表、施工段工程量表、材料汇总表等资源管理文件，对项目人员、机械设备、材料、施工方法、施工环境等资源进行合理布置，辅助施工现场资金与资源管控，结合现场情况动态配置资源，帮助施工现场进行决策。

10.3.2 基础数据与资料

1 施工图模型。

2 计价文件。

3 施工组织设计方案（施工分区图或施工流水段）。

4 施工进度计划。

5 其他相关资料。

10.3.3 实施流程

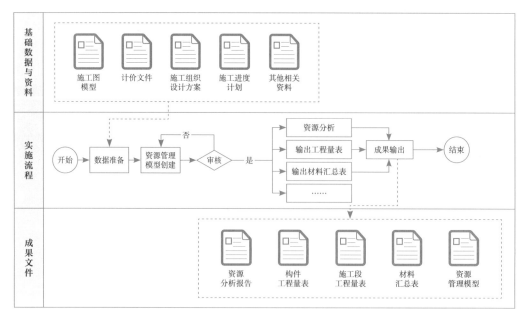

图 10.3.3 资源管理实施流程图

10.3.4 实施细则

1 收集数据，并确保施工图模型、计价文件数据的准确性，创建可以与材料管理和施工进度协同的资源管理模型。

2 将资源管理模型与计价文件关联，结合施工组织设计方案和施工进度计划，确保与实际施工进度相符，输出资源分析报告，审核后进行资源模拟和平衡，辅助指导施工现场后续施工。

3 对资源管理模型进行施工段划分，汇总计算后，结合相关文件对输出的量表文件进行审核。

4 根据项目需求提取构件工程量、各施工段工程量表与混凝土量、钢筋、模板等材料汇总表等相关数据，辅助进行现场相关物料管理。

5 将建造过程中所涉及的相关资源的物料信息生成二维码，供人查看及下载相关信息。

6 利用互联网、物联网，结合 GPS 定位技术，对相应资源进行智能化识别、定位、跟踪等，实现区域内对物的智能物流管理。

7 利用相关协同平台，借助平台信息储存功能，将材料信息录入，进行相应采购签收，对供应商进行统一管理。

8 结合项目现场进行动态资源配置，实现合理、精准管理。

10.3.5 成果文件

1 资源分析报告。

2 构件工程量表。

3 施工段工程量表。

4 材料汇总表。

5 资源管理模型。

10.3.6 应用价值

1 施工段工程量提取。基于资源管理模型，实现施工组织流水段划分；充分利用平台算量能力，计算流水段切割后的工程量，输出施工段工程量明细；利用可视化特点，分阶段、分场地查看；进行资源优化，减少预算员在项目现场重复计量工作；为材料采购计划编制提供了详细的部位材料明细。

2　资源管理。根据施工组织设计关联资源管理模型与施工进度计划，通过虚拟施工识别进度计划冲突，输出资源分析报告，辅助施工现场资源管控，帮助进行施工现场决策。

10.3.7　应用案例

深圳机场南货运区货代一号库项目，通过收集相关数据，创建可以与材料管理和施工进度协同的资源管理模型，结合施工分区图或施工流水段，在资源管理模型中进行施工流水段分区并提取施工段工程量，审核后上传至云平台，可在线进行建筑物构件工程量清单及属性、各施工段构件工程量（模板量、体积等）一键汇总查询，还可根据项目需求，提取构件工程量、各施工段工程量表与混凝土量、钢筋、模板等材料汇总表等相关数据，辅助进行现场相关物流管理，同时生成二维码，供人查看及下载相关信息。

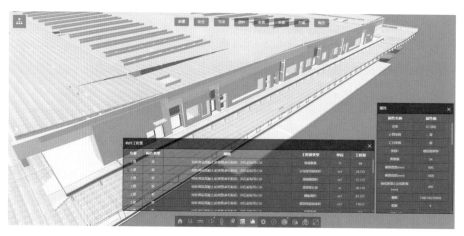

图 10.3.7-1　深圳机场南货运区货代一号库项目资源模型（节选）

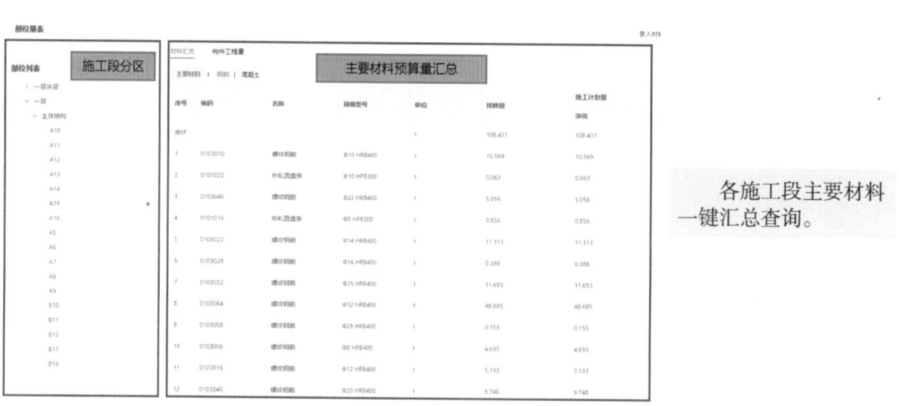

各施工段主要材料一键汇总查询。

图 10.3.7-2　深圳机场南货运区货代一号库项目各施工段构件工程量表

10.4 质量管理

10.4.1 概述

施工过程中质量管理是指基于 BIM，按检验批在模型上划分并进行检验批验收，将模型进行施工段划分，挂接质量问题，实现问题可追溯性，将现场重要节点创建相应模型、赋予文字描述，进行三维交底。利用信息化动态管理质量，以保证工程合格率 100%，做到无重大质量事故。

10.4.2 基础数据与资料

1 相关规范。

2 相关质量管理文件。

3 施工图模型。

4 其他相关资料。

10.4.3 实施流程

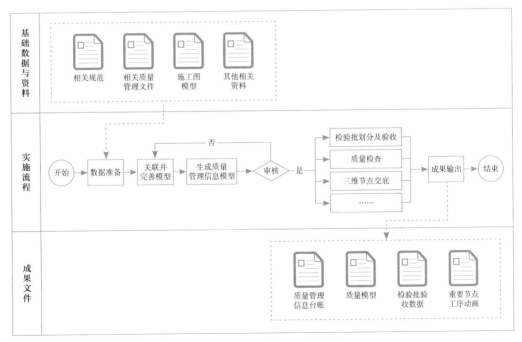

图 10.4.3 质量管理实施流程图

10.4.4 实施细则

1 收集数据，并确保数据的准确性。

2 进行模型与现场划分，模型分解应与现场施工划分一致。

3 检验批验收设置应符合相关规范。

4 节点模型应根据现场质量管理重点搭建。

10.4.5 成果文件

1 质量管理信息台账。汇总各阶段质量问题、分类等数据，为下一阶段质量管理重点提供依据。

2 质量模型。将相关质量问题定位于模型，实现质量管理的可追溯性。

3 检验批验收数据。利用信息化手段进行检验批验收，支持质检报表的在线填报及审批，提供在线审核记录，满足电子档案单套制归档要求，实现分部分项工程的自动汇总验收，便于实时查看验收情况和进行历史追溯。

4 重要节点工序动画。将重要节点制作成动画视频，进行三维交底。

10.4.6 应用价值

1 质量管理信息化。利用 BIM 管理平台系统集成信息的特点，在平台上录入现场质量问题并挂接到相应模型部位，实现质量问题信息共享、实时更新，提高质量管理检查效率。

2 智能化决策。基于项目质量管理数据分析，快速聚焦质量检查及验收中出现的问题，为智能化决策提供数据支撑。

3 可视化交底。以模型或者动画形式向参建各方展示重要节点，避免质量通病，提高交底效率。

10.5 安全管理

10.5.1 概述

施工过程中的安全管理是指基于施工图模型，结合安全管理相关方案，赋予模型相关安全信息，以安全信息模型为依托，采取安全检查、创建危险源防护设施模型三维交底等手段进行现场安全管理，以此提升现场工作效率，有效控制危险源，进而达到项目安全可控管理目标。

10.5.2 基础数据与资料

1 施工图模型。
2 安全管理文件。
3 相关规范。

10.5.3 实施流程

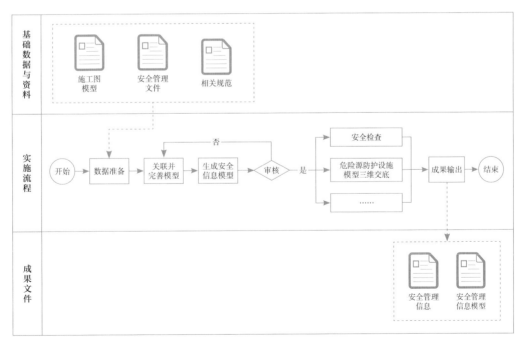

图 10.5.3 安全管理实施流程图

10.5.4　实施细则

1　收集数据，并确保数据的准确性。

2　检查安全信息模型是否满足现场安全管理使用需求，如不满足，应修改、完善。

3　安全检查时，可将安全问题挂接到相应模型部位上，清楚展现安全问题数量及部位。

4　创建危险源防护设施模型，与现场人员进行可视化交底。

5　收集并整理相关资料数据，为项目建造过程相关决策提供依据。

6　基于安全信息模型进行安全培训，减少安全隐患。

10.5.5　成果文件

1　安全管理信息。安全管理信息应包括项目安全问题部位分布情况、安全资料、安全问题检查台账、危险性较大的分部分项工程管理资料。

2　安全管理信息模型。模型应包括相关现场安全问题定位标识和现场危险源防护的相关措施。

10.5.6　应用价值

1　安全管理规范化。利用协同平台信息集成的特点，在平台上录入现场安全问题并挂接到相应模型部位，可实现改善作业行为、安全问题信息共享、实时更新，从而提高安全管理检查效率。

2　智能决策。基于项目安全管理数据分析，快速聚焦安全管理中出现的问题，为智能决策提供数据支撑。

10.5.7　项目案例

深圳机场南货运区货代一号库项目，结合安全相关资料，生成相关安全管理信息模型，利用模型并借助平台进行安全管理，实现项目安全管理规范化、标准化，基于项目安全管理大数据分析，帮助高效决策。

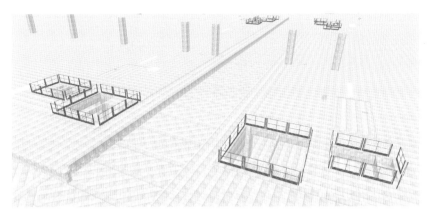

图 10.5.7　深圳机场南货运区货代一号库项目安全信息模型

10.6　成本管理

10.6.1　概述

站在施工单位角度，施工过程中工程量的计算分为两部分，一部分用于施工单位计算收入，即建设单位、施工单位之间确定工程造价，另一部分用于施工单位管控成本（包括但不限于成本测算、成本核算、成本分析、资源招标、资源节超分析等）、提高相关管理工作的效率和准确性。

1　收入模型用于计算收入中的工程量，在施工图设计模型和施工图预算模型的基础上，按照合同规定深化设计，按照合同规定的工程量计算要求深化模型，并且指定深化负责人；依据设计变更、洽商纪要、签证单、技术核定单、工程联系函等相关资料，进行变更工程量快速计算和计价；附加进度与造价管理相关信息，实现施工过程收入动态管理与应用。

2　成本模型用于计算管控成本的量，在施工图预算模型的基础上，结合设计变更、洽商纪要、签证单、技术核定单、工程联系函、施工方案等相关资料，按施工现场不同部门、不同时期的不同要求深化模型，附加进度、消耗量定额、企业定额、产量定额等成本管理相关信息，实现施工过程成本的动态管理与应用、进度计划和资源计划制订中相关量的精准确定、招采管理中材料与设备数量计算与统计应用、用料数量统计与管理应用、劳务分包结算中工程量的精准确定等，提高施工实施阶段工程量、材料量、用工量等的计算效率和准确性。

BIM 在施工实施阶段工程量的计算中起到重要作用，因为施工实施阶段中工程量的计算在各阶段中周期最长、变化最频，并且量的计算和应用场景复杂，工程量的计算具有多次性、多样性、复杂性等特点，模型调整和应用应贯穿整个施工阶段。收入模型包含三维模型信息，成本模型包含三维模型信息、时间进度信息、成本信息等。收入模型和数据的标准、要求与预算模型相似，成本模型和数据的标准应与相关业务相结合，为了保证本阶段的应用效果，收入和成本动态模型的变更与调整务必确保及时、准确。

10.6.2 基础数据与资料

1 施工图设计模型和施工图预算模型。

2 （与施工过程收入及成本动态工程量管理相关的）构件属性参数信息文件。

3 （施工过程收入及成本动态管理的）工程量计算范围、计量要求及依据等文件。

4 进度计划。

5 （设计变更、签证单、技术核定单、工作联系函、洽商纪要、施工方案等）过程资料。

6 消耗量定额、产量定额、企业定额、劳务、专业分包合同等。

10.6.3 实施流程

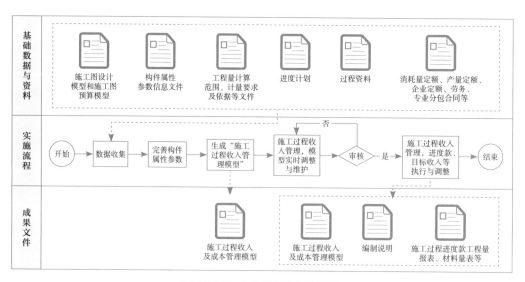

图 10.6.3　收入管理实施流程图

10.6.4 实施细则

1 收集数据。收集施工工程量计算需要的模型和资料数据，并确保数据的准确性。

2 形成施工过程收入管理模型和成本管理模型：

1）在施工图设计模型和施工图预算模型的基础上，根据施工计划与实施过程中的实际情况，在构件上附加进度信息、关联预算信息，生成施工过程收入管理模型；

2）在施工图设计模型和施工图预算模型的基础上，根据施工方案、技术规范等对模型进行深化，生成满足施工需要的构件工程量、材料量等，同时依据施工计划与实施过程中的实际情况，在构件上附加进度信息、消耗量定额、企业定额、产量定额、成本价格等相关属性信息，生成施工过程成本管理模型。

3 维护调整模型。根据经过确认的设计变更、洽商纪要、签证单、技术核定单、工程联系函等过程资料，对施工过程收入及成本管理模型进行定期调整与维护，确保施工过程收入及成本管理模型符合应用要求，对于在施工过程中产生的新类型的分部分项工程，按前述步骤完成工程量清单编码映射、完善构件属性参数信息、构件深化等相关工作，生成符合工程量计算要求的构件。

4 施工过程收入及成本动态管理：

1）利用施工收入管理模型，按形象进度、空间区域实时获取工程量信息数据，完成工程量的计算、分析、汇总，导出符合施工过程收入管理要求的工程量报表和编制说明，根据施工进度按月、按周实现三算对比中收入用量的实时分析，实现施工过程收入动态管理；

2）利用施工成本管理模型，按形象进度、空间区域实时获取工程量、材料量、人工用量等信息数据，根据施工进度按月、按周实现三算对比中目标成本用量的计算，结合实际成本用量，完成三算对比、分析、纠偏，实现施工过程成本动态管理。

5 施工过程工程量计算的其他应用：

1）利用施工成本管理模型，按进度、部位等不同要求生成材料量及工程量，为施工方案的比选、施工方案的编制提供数据支撑；

2）进行资源计划的制定与执行，动态合理地配置项目所需资源；

3）在招采管理中高效获取精准的材料设备等数量，为洽谈及采购提供依据；

4）在施工过程中对用料领料进行精益管理，实现所需材料的精准调配与管理；

5）在劳务、分包过程结算中，精准确定已完成的工程量，助推项目实现劳务费、分包工程费的月结月清等。

10.6.5　成果文件

1　施工过程收入及成本管理模型。模型应正确体现计量要求，可根据空间（楼层）、时间（进度）、区域（施工段）、构件属性等参数及时、准确地统计工程量、材料量、用工量数据；模型应准确表达施工过程中工程量、材料量、用工量计算的结果与相关信息，配合施工工程收入及成本管理相关工作。

2　编制说明。说明应表述过程中每次计量的范围、要求、依据以及其他内容。

3　施工过程进度款工程量报表、材料量表等。实时获取的工程量报表应准确反映构件净的工程量（不含相应损耗），并应符合行业规范与本次计量工作的要求，材料量可按使用要求提供净用量、含损耗用量，损耗可依据消耗量定额或企业定额等计算，工程量及材料量报表是施工过程动态管理的重要依据。

10.6.6　应用价值

施工过程周期长、参与部门多、用量场景复杂，对量的需求与应用贯穿于施工过程始终。施工阶段通过 BIM 算量，加强了部门之间的协同，缩短了业务人员工作时间，提高了数据的精准度，实现了项目的精细化管理，如按工程量排布进度计划、精准地完成施工方案的经济比选以及及时、定期完成成本核算等，对施工项目的提效、降本、增收都起到了积极的作用。

10.7　竣工交付

10.7.1　概述

将竣工验收信息添加到施工过程模型文件中，并且根据项目实际情况进行修正，以保证模型与工程实体的一致性，在竣工阶段提交竣工模型及相关竣工验收资料。

10.7.2 基础数据与资料

1 施工过程模型。

2 （施工过程中的）变更签证资料。

3 验收合格资料。

4 其他相关资料。

10.7.3 实施流程

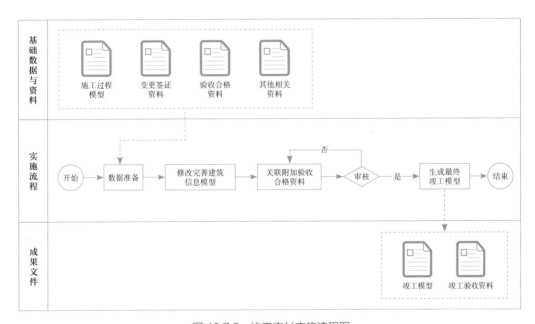

图 10.7.3　竣工交付实施流程图

10.7.4 实施细则

1 收集数据，并确保数据的准确性。

2 检查施工过程模型是否能准确表现竣工工程实体，如表现不准确或有偏差，应修改并完善建筑信息模型相关信息，同时应进行 BIM 与现场一致性复核，以形成竣工模型。

3 将验收合格资料及相关信息关联或附加至竣工模型（具体可参照《深圳市建设工程信息模型归档指引（试行）》）。

4 按照相关要求进行竣工交付。

10.7.5 成果文件

1 竣工模型。应准确表达构件的外表几何信息、材质信息、厂家信息以及实际安装的设备几何及属性信息等。

2 竣工验收资料。竣工交付模型应包含必要的竣工信息，作为档案管理部门竣工资料的重要依据。

10.7.6 应用价值

1 竣工模型管理。施工 BIM 竣工模型应与项目实体、竣工图保持一致，作为竣工后物业运营与维护的基本数据库。

2 竣工资料集成管理。将竣工交付资料中的关联文档关联至模型构件，形成以模型为数据基础架构的信息化竣工技术资料数据库。

10.8 竣工结算工程量计算

10.8.1 概述

竣工结算工程量计算是在施工过程造价管理应用模型的基础上，依据施工过程的合理变更和结算材料，附加结算相关信息，按照结算需要的工程量计算规则进行模型的深化，形成竣工结算模型并利用此模型完成竣工结算的工程量计算，以此提高竣工结算阶段工程量计算效率、准确性和数据互通性。

竣工结算阶段的工程量计算是项目 BIM 在工程量计算应用中的最后一个环节，强调对项目最终成果的完整表达，要将反映项目真实情况的竣工资料与结算模型相统一。本阶段工程量计算应用注重对项目设计、施工技术与经济成果的延续、完善和总结，以作为工程结算工作的重要依据。

10.8.2 基础数据与资料

1 施工过程造价管理模型、施工阶段模型及竣工交付模型。

2 （与竣工结算工程量计算相关的）构件属性参数信息文件。

3 结算工程量计算范围、计量要求及依据等文件。

4 与结算相关的技术与经济资料等。

5 过程相关变更文件及变更模型。

10.8.3 实施流程

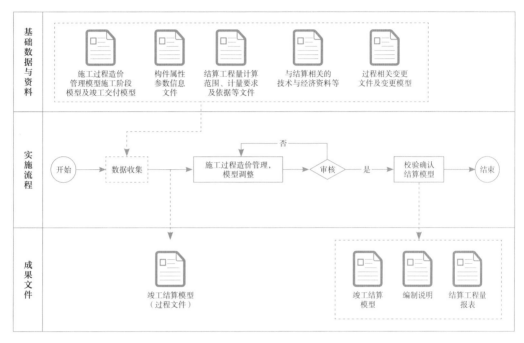

图 10.8.3　竣工结算工程量计算实施流程图

10.8.4 实施细则

1 收集数据。收集竣工结算需要的模型和资料数据，并确保数据的准确性。

2 形成竣工结算模型。在最终版施工过程造价管理模型的基础上，根据经过确认的竣工资料和与结算工作相关的各类合同、规范、双方约定等相关文件资料进行模型的调整，生成竣工结算模型。

3 审核模型信息。将最终版施工过程造价管理模型与竣工结算模型进行比对，确保模型中反映的工程技术信息与商务经济信息相统一。

4 编码映射和模型完善。对于在竣工结算阶段中产生的新类型的分部分项工程，按前述步骤完成工程量清单编码映射、完善构件属性参数信息、构件深化等相关工作，生成符合工程量计算要求的构件。

5　形成结算工程量报表。利用经过校验并多方确认的竣工结算模型进行结算工程量报表的编制，完成工程量的计算、分析、汇总，导出完整、全面的结算工程量报表并编制说明，以满足结算工作的要求。

10.8.5　成果文件

1　竣工结算模型。应正确体现计量要求，可根据空间（楼层）、时间（进度）、区域（标段）、构件属性参数及时、准确地统计工程量数据；应准确表达结算工程量计算的结果与相关信息，可配合施工工程造价管理相关工作。

2　编制说明。应表述本次计量的范围、要求、依据等内容。

3　结算工程量报表。应准确反映构件净的工程量（不含相应损耗）并符合行业规范与本次计量工作要求，以作为工程结算的重要依据。

10.8.6　应用价值

BIM 技术是利用数字建模软件将系统的建筑信息数字化，形成一个信息模型。BIM 技术所构建的信息平台不仅包含了建设工程的构件信息和项目信息，还包含了建设工程的造价信息；BIM 技术能够将各项目的信息有效连接起来，实现建筑工程造价管理的信息共享，并且方便快捷，从而避免信息传递的滞后性；数字化的信息传递能够避免纸质信息传递过程中出现的信息泄露、丢失等现象；在建设工程全过程造价管理中，BIM 技术有利于工程造价管理的信息工程。

在建设工程全过程造价管理中，BIM 技术能够实现信息的参数化和自动化，准确地计算出建设工程的工程量，节省工作人员的时间和精力，提高工作效率。BIM 技术的自动化算量能够避免主观因素对工程量计算的影响，提高工程量计算的客观性和准确性。BIM 技术所构建的信息平台能够将平台中的所有软件联通，使建设工程造价管理信息收集更加方便快捷，进而提高建设工程造价管理工作效率。

BIM 技术具有信息互用、可视化及可追溯性等特点，能够有效促进各造价阶段的协调工作，提高工程造价管理水平，还可以将各阶段的造价信息链接起来，实现信息共享。另外，BIM 技术还可以通过现代信息技术对造价信息进行筛选，为工程造价管理信息查询提供了条件。最后，在工程造价信息管理的过程中，施工单位、监理单位及材料供应商可以通过 BIM 技术构建的信息平台进行信息的传递和互动，加强工作的协调性。

10.8.7 BIM 在工程竣工结算中的有效应用

1 检查结算的主要依据：

1）BIM 能够对文件中的信息进行整合、分析，从而获取精准的工程数据，避免工程变更单、技术核定单等部分数据出现疏漏，使工程赔款、现场签证单等容易出现异议的内容得到有效解决；

2）BIM 能够详细记录出现变更的数据或者材料，还可将技术核定单等原始素材进行电子化储存，帮助工作人员详尽掌握工程项目变更内容；

3）在 BIM 中，竣工场地需要变更的位置会有一个显著的标志，结算人员只需点击相应的构件，即可随时随地细致、全面地了解变更资料；

4）业主与审计部门在签订索赔单时，可使用 BIM 技术及时与模型准确位置进行关联定位，结算后期若对签证单产生异议，可通过 BIM 系统的图片数据等信息将签证现场还原，使双方满意。

2 对工程数量进行准确校对：

1）分区域核对是核对环节中第一道工序，也是尤为关键的一个环节，先由工程项目预算人员根据项目的实际划分将主要工程量进行分区，再将分区结果绘制成表格，最后预算员与 BIM 工程师对参数进行比照后得出有效的数据；

2）BIM 建模软件可在短时间内对数据进行整合与分析，从而得出对比分析表，预算员通过设置偏差百分率警戒值可自动生成相应的排序并锁定存在误差的数据，再通过相关软件的定位，最终得出科学有效的子项目；

3）通过不同专业 BIM 的整合与综合应用，可解决不同专业领域之间的数据误差问题，提高计算的精确度，为施工带来一定的便利；

4）利用 BIM 技术将数据整合后，可通过服务器自动进行检索，从而找出误差较大的项目或是存在疏漏的环节。

纵观我国当前的发展趋势，由于很多技术还存在不足之处，而且很多企业还未构建 BIM 数据库，在数据整合方面还存在一定的欠缺，使得该技术的发展受到严重阻碍。

11 装饰装修阶段

装饰装修阶段是建筑项目交付业主的至关重要的实施阶段，建筑使用功能的呈现通过装饰装修来实现。本阶段主要包含运用 BIM 技术进行方案比选、机电装修一体化设计、生产及施工安装。

伴随建筑产业化的发展，装配式装修技术在建筑工程中得到广泛应用，BIM 技术与装配式装修的设计、生产、施工安装全过程紧密结合，实现建筑工程装饰装修的数字化建造。

11.1 装饰装修方案比选

11.1.1 概述

装饰装修方案比选的主要目的是根据业主需求选出最佳的装修方案，为机电、装修一体化设计提供对应的方案模型基础数据，通过构建或局部调整方式，形成多个备选的装修设计方案模型（包括空间、装修效果等），让项目方案决策方可以利用 BIM 技术可视化的特性，在 VR、AR 等技术的支持下，如同身临其境，对场景进行讨论和决策，经过多轮方案适用性分析，得出最佳的装修设计方案。

11.1.2 基础数据与资料

1　装修方案设计背景资料。包括设计条件、设计任务书等相关文档。

2　施工图全专业模型。

11.1.3 实施流程

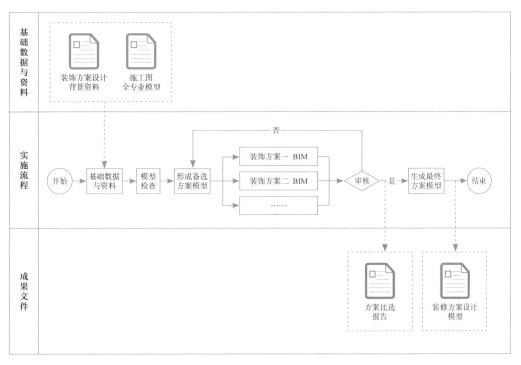

图 11.1.3　装饰装修方案比选实施流程图

11.1.4 实施细则

1　构建装饰装修方案设计信息模型，模型应包含方案的完整设计信息，包括方案的平面布局、立面、天花吊顶等。

2　检查多个备选方案模型的可行性、功能性和美观性等方面并进行比选，形成相应的方案比选报告，选择最优的装修设计方案。

11.1.5 成果文件

1　方案比选报告。报告应包含体现项目的模型截图、图纸和方案对比分析说明，重点分析建筑空间、装修效果、装修造型三者之间的可适性。

2　装修方案设计模型。模型应体现基本造型、装修做法、立面效果等。

11.1.6 应用价值

利用 BIM 技术可视化特性，实现项目装修设计方案决策的直观和高效。

11.1.7 项目案例

深圳市长圳安居工程及其附属工程项目，项目将提供公共住房 9672 套，户型设计采用"有限模块，无限生长"的设计思路，通过制定大空间可变、结构可变、模数协调和组合多样等规则，解决了平面标准化和适应性的对立统一问题。

图 11.1.7-1　长圳住宅户内与公共区域效果图

根据不同装饰方案的要求，在建筑机电管线综合模型基础上，完成装修模型创建，通过 BIM 技术调整对内装部品族的色彩、材质、规格以及灯光效果、软装搭配的差异，形成不同的装饰效果，同时利用 BIM 技术可视化的优势，直观地呈现不同方案装饰效果的差异性，提高方案比选与决策效率。

对重点空间的装修技术做法，采用 BIM 技术可直观地比较装配式内装与传统内装在技术体系及装饰效果层面的差异性，也能反映相同技术体系在不同功能场景下的配置选型差异，从而客观比较方案模型的可行性、功能性和美观性等方面的内容。

采用 BIM+VR 的虚拟现实技术，可以呈现装配式内装修项目最真实的空间感、距离感和体验感，为设计师、决策者等项目参与方提供装修效果沉浸式体验，促进装修方案的沟通与决策。

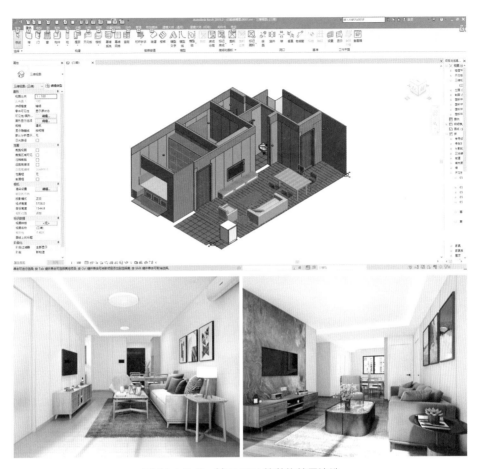

图 11.1.7-2　基于 BIM 的装修效果比选

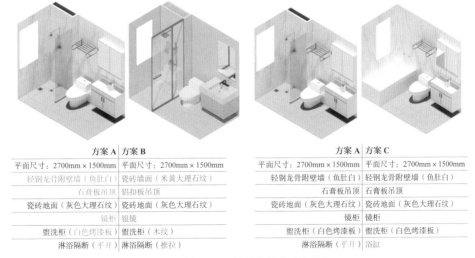

方案 A	方案 B		方案 A	方案 C
平面尺寸：2700mm×1500mm	平面尺寸：2700mm×1500mm		平面尺寸：2700mm×1500mm	平面尺寸：2700mm×1500mm
轻钢龙骨附壁墙（鱼肚白）	瓷砖墙面（米黄大理石纹）		轻钢龙骨附壁墙（鱼肚白）	轻钢龙骨附壁墙（鱼肚白）
石膏板吊顶	铝扣板吊顶		石膏板吊顶	石膏板吊顶
瓷砖地面（灰色大理石纹）	瓷砖地面（灰色大理石纹）		瓷砖地面（灰色大理石纹）	瓷砖地面（灰色大理石纹）
镜柜	银镜		镜柜	镜柜
盥洗柜（白色烤漆板）	盥洗柜（木纹）		盥洗柜（白色烤漆板）	盥洗柜（白色烤漆板）
淋浴隔断（平开）	淋浴隔断（推拉）		淋浴隔断（平开）	浴缸

图 11.1.7-3　基于 BIM 的装修技术方案比选

11.2 机电、装修一体化设计

11.2.1 概述

传统装修设计中，以装修设计为主，根据装修设计完成对应机电配合设计，而利用 BIM 技术的可视化特性，装修和机电设计在一个协同模型下同时进行，实现了机电、装修一体化设计，可以充分考虑整个建筑物内部空间构成，从而提升设计质量。

11.2.2 基础数据与资料

1 装修方案设计模型。
2 施工图阶段模型及交付标准。
3 相应专业规范、技术标准、措施及施工标准等。

11.2.3 实施流程

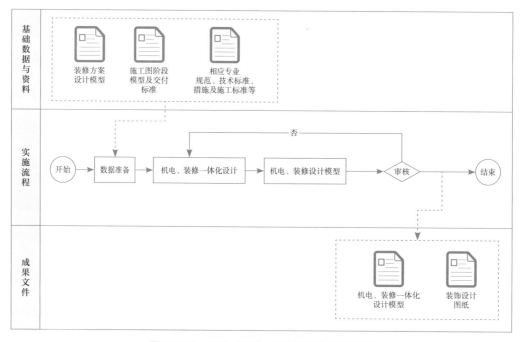

图 11.2.3 机电、装修一体化设计实施流程图

11.2.4 实施细则

1 收集基础数据与资料，并确保其准确性。

2 根据装饰装修及机电专业相应专业规范、技术标准、措施及施工标准等完成机电、装修一体化设计，设计内容既包括适合于传统机电装修设计的一体化配合，也包括装配式装修的墙体内的管线集成方式、地面的管线集成方式、厨卫的机电管线集成方式、集成卫生间、厨房等装配式装修方式。

3 完成机电、装修一体化设计模型。

4 审核设计模型的材质、规格等信息是否正确以及设计是否合理，在模型满足施工图阶段标准后，输出装饰装修设计平面图纸。

11.2.5 成果文件

1 机电、装修一体化设计模型。

2 装饰设计图纸（包含二次机电设计图纸）。

11.2.6 应用价值

利用 BIM 技术进行机电、装修一体化设计，设计过程中能更直观地考虑机电与装修专业相互配合，并且能更为直观地完成适合于装配式装修的一体化集成设计。

11.2.7 项目案例

深圳市长圳安居工程及其附属工程项目，户内采用 SI 体系，通过轻钢龙骨内隔墙、架空地面、吊顶实现设备管线与结构完全分离。

项目采用 BIM 技术进行设计，建立了"建筑—结构—机电—内装"一体化模型，其中 $65m^2$、$80m^2$、$100m^2$ 户型机电管线结合轻钢龙骨内隔墙及局部吊顶内敷设，实现了机电设备与装修部品的精准定位，龙骨排布与水电点位相互协调，机电管线与主体结构脱离，避免了设备安装和维护中可能出现的问题。

内装专业在初步设计阶段介入设计流程，在方案比选的基础上，通过 BIM 进行协同设计，形成机电、装修一体化设计模型成果，其中装修模型应包含基本造型、装修做法、立面效果等，机电模型应包含机电末端点位布设位置、管线集成方式等。依托机电、装修一体化设计模型的成果，发挥 BIM 直观、可视化的优势，可提前发现并解决传统二维设计中难以发现的问题，为设计及施工提供指导及依据，避免图模不一致等问题，提高工作效率，提升设计成果质量。

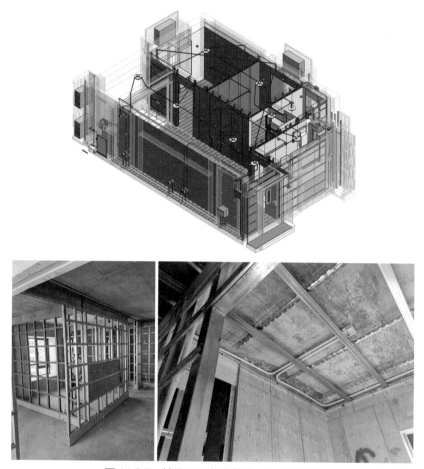

图 11.2.7　基于 BIM 机电装修一体方案展示

11.3　装配式装修部品下单生产

11.3.1　概述

装修部品一体化生产主要是伴随着装配式建筑的不断发展衍生出的装修集成化的部品部件，相比于传统装饰，装配化部品部件需要定制化生产，并且具有特定的安装位置，致使装配式集成化部品部件对材料下单提出了更高的要求。利用 BIM 的可视化技术和快速统计功能，能够快速提取下单明细表和输出三维加工图，供厂家无缝衔接，实现下单流程的准确性、高效性。

11.3.2 基础数据与资料

1 现场复核实际尺寸。

2 精装修施工图设计模型。

3 精装修施工图设计图纸。

4 其他设计变更相关资料。

11.3.3 实施流程

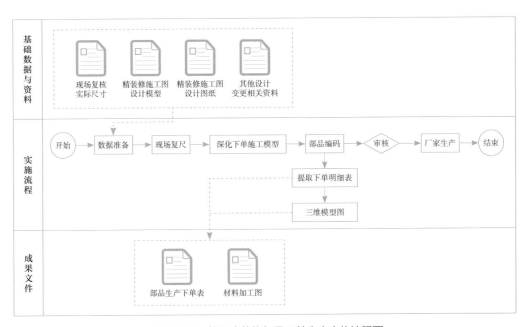

图 11.3.3　装配式装修部品下单生产实施流程图

11.3.4 实施细则

1 收集基础数据与资料，并确保其准确性。

2 根据现场实际尺寸对完成面进行尺寸复核。

3 根据现场的实际尺寸和图纸资料深化装饰装修 BIM，形成下单施工模型。

4 利用 BIM 一键编码功能（批量标签），给予所有部品独立的信息编码。

5 根据 BIM 自动统计功能，快速地生成材料下单明细表，同时生成三维可视化排版安装图。

6 将生成的下单明细表提供给厂家进行数字化生产。

11.3.5 成果文件

1 部品生产下单表。

2 材料加工图。

11.3.6 应用价值

充分利用 BIM 的信息化，模型具有尺寸、数量等几何信息和非几何信息，结合自动化统计能够快速提取下单明细表，利用 BIM 的可视化特性输出三维构件加工图，为厂家的生产效率提供有力保障。

11.3.7 项目案例

深圳长圳公共住房及其附属工程项目，位于深圳市光明新区，总建筑面积 115 万 m²，建筑功能为高层次人才保障性住房，装配整体式剪力墙结构体系，主体建筑地上 52 层，地下 3 层，建筑主体高度 150m。

该项目施工板材主要是装配式部品部件，采用工厂生产现场组合拼装的施工形式，利用 BIM 的自动统计功能，对模型成果进行明细表提取，实现精细化下单应用，为厂家的生产加工提供了有力依据。

图 11.3.7-1　深圳长圳公共住房及其附属工程
项目效果图

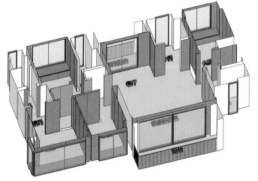

图 11.3.7-2　深圳长圳公共住房及其附属工程
项目装配式装修下单资源模型图

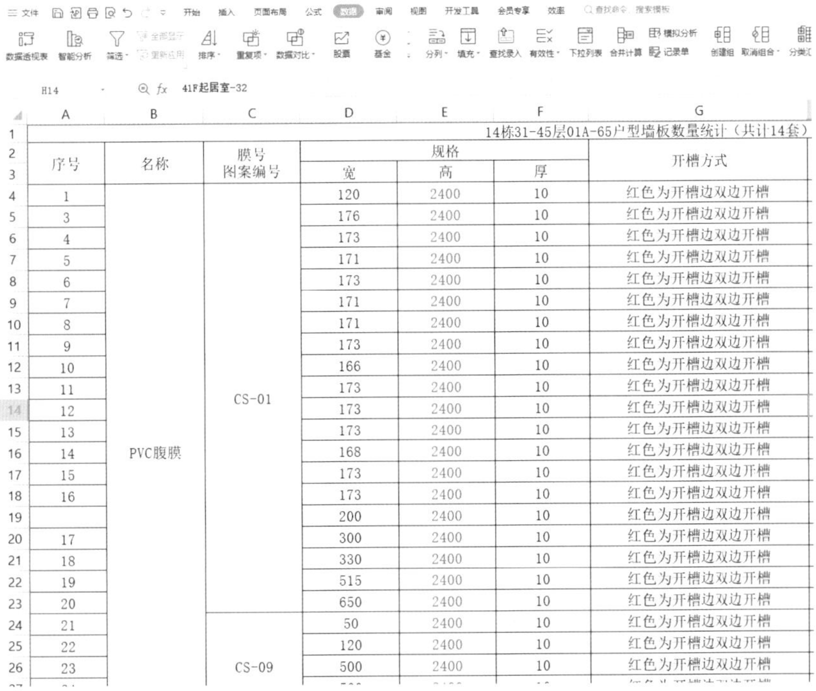

序号	名称	膜号 图案编号	规格 宽	高	厚	开槽方式
						14栋31-45层01A-65户型墙板数量统计（共计14套）
1			120	2400	10	红色为开槽边双边开槽
3			176	2400	10	红色为开槽边双边开槽
4			173	2400	10	红色为开槽边双边开槽
5			171	2400	10	红色为开槽边双边开槽
6			173	2400	10	红色为开槽边双边开槽
7			171	2400	10	红色为开槽边双边开槽
8			171	2400	10	红色为开槽边双边开槽
9			173	2400	10	红色为开槽边双边开槽
10			166	2400	10	红色为开槽边双边开槽
11		CS-01	173	2400	10	红色为开槽边双边开槽
12			173	2400	10	红色为开槽边双边开槽
13			173	2400	10	红色为开槽边双边开槽
14	PVC腹膜		168	2400	10	红色为开槽边双边开槽
15			173	2400	10	红色为开槽边双边开槽
16			173	2400	10	红色为开槽边双边开槽
			200	2400	10	红色为开槽边双边开槽
17			300	2400	10	红色为开槽边双边开槽
18			330	2400	10	红色为开槽边双边开槽
19			515	2400	10	红色为开槽边双边开槽
20			650	2400	10	红色为开槽边双边开槽
21			50	2400	10	红色为开槽边双边开槽
22			120	2400	10	红色为开槽边双边开槽
23		CS-09	500	2400	10	红色为开槽边双边开槽

图 11.3.7-3 深圳长圳公共住房及其附属工程项目装配式装修下单明细表提取图

11.4 装饰装修施工模拟

11.4.1 概述

装饰装修施工模拟是根据机电、装修一体化设计模型，结合相关的施工工艺要求，通过模拟相关样板间施工工序，利用 BIM 可视化特性，提前验证设计意图在建造过程中实施的可行性，进一步对设计成果进行提前校核。

11.4.2 基础数据与资料

1 机电、装修一体化设计模型。

2 施工工艺要求。

3 （现场的）施工条件及技术条件等。

4 其他相关资料。

11.4.3 实施流程

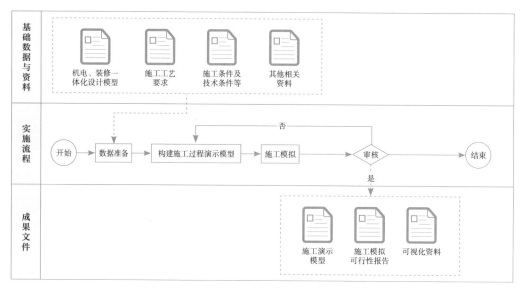

图 11.4.3   装饰装修施工模拟实施流程图

11.4.4 实施细则

1   收集基础数据与资料，并确保其准确性。

2   根据施工方案的文件和资料构建装饰装修的施工过程演示模型，模拟施工过程中的工序交叉及工艺流程。

3   根据装饰装修的施工模拟找出施工中可能存在的问题，优化施工方案。

4   结合装配式装修的施工工艺流程，对装修施工过程进行施工模拟，找出施工中可能存在的问题，优化施工方案。

5   完善施工过程演示模型等资料，输出施工工序交底文件、施工工序交底动画等。

11.4.5 成果文件

1   施工演示模型。

2   施工模拟可行性报告。应通过施工演示模型论证施工方案的可行性，并记录不可行施工方案的缺陷与问题。

3   可视化资料。包括施工工艺及施工方案模拟视频，利用视频对关键施工工序进行模拟，准确表达施工工艺流程。

11.4.6 应用价值

充分利用信息模型所包含的信息，根据装饰装修施工方案及施工工艺，对装修部品安装、施工过程进行模拟，优化施工工序，实现可视化交底。

11.4.7 项目案例

深圳招商半山港湾花园项目，位于深圳市南山区蛇口招商街道，西邻少帝路。更新单元用地面积48881m²，拆除用地面积48881m²，开发建设用地面积33926.2m²，规划计容面积为12.66万m²。其中，住宅11.6万m²，商业2000m²，公共配套设施（含地下）8600m²，总建筑面积183647.24m²。

图11.4.7-1 深圳招商半山港湾花园项目效果图

项目采用整体式卫生间施工工艺，通过建立相关工艺节点模型，对施工过程进行三维可视化演示，实现项目质量管理规范化，对现场工人进行可视化交底，帮助提高施工效率。

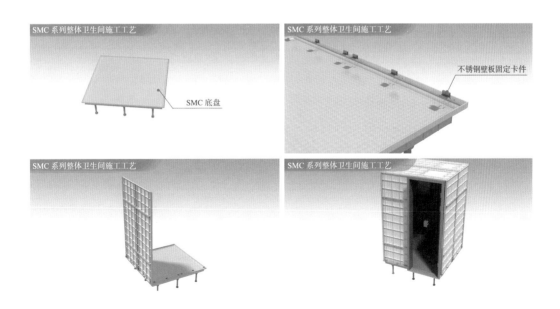

图11.4.7-2 深圳招商半山港湾花园项目卫生间工艺模拟过程图

11.5   装配式装修部品安装

11.5.1   概述

装配式装修部品安装是指工厂生产、现场组合拼装的形式，即在工厂生产好部品送到施工现场，按照各部品的专属标签二维码分类堆放在各楼层、各户型及各使用空间，由工人结合排版安装图及部品的安装标签进行构件的指定位置安装。

11.5.2   基础数据与资料

1   装饰部品生产加工信息模型。

2   装饰部品生产加工图纸。

3   装饰部品标签二维码（生产）。

11.5.3   实施流程

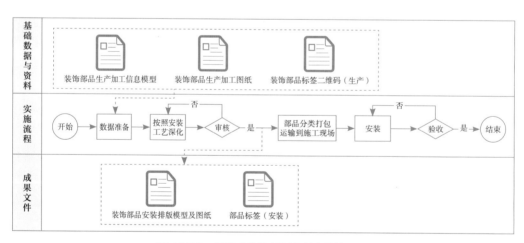

图 11.5.3   装配式装修部品安装实施流程图

11.5.4   实施细则

1   收集基础数据与资料，并确保其准确性。

2   根据装饰部品生产加工信息模型，按照施工安装工艺深化安装排版图，审核通过后输出排版安装装饰部品模型及图纸，给装饰部品标签添加安装信息。

3　将生产完成的装饰部品分类打包运输至施工现场，按照装饰部品排版安装图及部品标签，将部品进行指定位置安装。

4　安装完成后须通过相关人员验收。

11.5.5　成果文件

1　装饰部品安装排版模型及图纸。

2　部品标签（安装）。

11.5.6　应用价值

利用 BIM 技术三维可视化排版安装模型及各部品唯一标签，能够直观地指导现场工人的安装过程，实现施工资源利用的最大化，最大程度地保证施工速度及质量，将工厂化建造房子的理念落到实处。

11.5.7　项目案例

深圳长圳公共住房及其附属工程项目，结合相关资料，利用 BIM 的三维可视化，在识图方面升级对图纸的表达，生成三维的安装排版图，便于工人清晰、高效地读懂图纸，使现场工人的安装效率大幅提高。

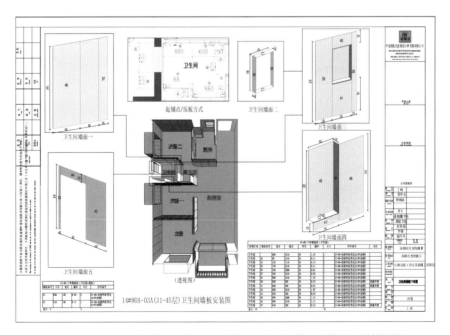

图 11.5.7-1　深圳长圳公共住房及其附属工程项目装配式装修下单排版图

11.6   装饰装修三维扫描技术应用

11.6.1 概述

随着建筑工程技术不断地发展及建筑师对大空间异型结构设计的追求，大空间异型建筑结构越来越普遍，传统的测量施工手段已无法满足这些大空间异型建筑结构的测算需求。需使用三维激光扫描仪器进行现场结构扫描，快速获取 1∶1 的现场实际结构点云模型，提取真实的尺寸及其他参数数据。

11.6.2 基础数据与资料

1 施工图建筑、结构专业模型。

2 三维扫描方案。

3 项目基点信息。

4 装饰装修设计 BIM。

5 其他相关资料。

11.6.3 实施流程

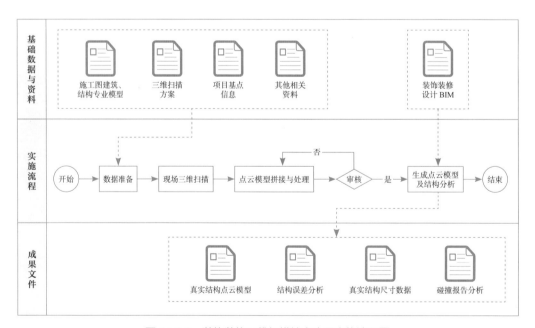

图 11.6.3 装饰装修三维扫描技术应用实施流程图

11.6.4 实施细则

1 确定扫描内容，提前规划扫描站点数量与扫描路径，确保扫描内容完成并可用。

2 根据实际扫描站点设置，在现场摆设好标靶点或者拼接球，前后站点间必须有 3 个拼接球不可移动。

3 拼接、处理好点云模型后，核对结构模型与点云模型，标记结构模型与点云模型的具体偏差，调整结构模型，保证其与现场实际结构的一致性。

4 依据点云模型对墙体表面平整度进行分析，提前发现问题，提出整改意见。

5 结合点云模型和设计模型，进行现场实际数据校核，提前发现现场实际施工数据与施工图数据误差，避免造成返工。

6 依据点云模型复核并提取相应真实的尺寸参数，确定装饰完成面、线。

11.6.5 成果文件

1 真实结构点云模型。
2 结构误差分析。
3 真实结构尺寸数据。
4 碰撞报告分析。

11.6.6 应用价值

突破传统的单点测量方法，可利用点云模型对现场结构尺寸进行复核及逆向建模，分析现场建筑、结构平整度以及结构施工偏差对装饰施工的影响，还可利用现场结构点云模型，辅助机电、装修等专业进行碰撞检查及优化。

相对于传统复尺方式，三维扫描获取的尺寸数据更加准确，尤其对于异形结构部位，三维扫描是现场精确测量和放线的保障。

11.6.7 项目案例

深圳市前海卓越精装修工程项目，靠近前海地铁枢纽大型综合体，它连接 3 条地铁、2 座机场、2 大城际快线、1 条高速、1 个口岸，集世界级大型交通枢纽和城市综合体于一体，其中港深西部快线 15 分钟即可连接深圳、香港机场，国际化"零接驳"。

由于该项目设计方案为墙面与顶棚一体化曲面成型，利用传统的装饰工艺确定其钢架和表面板块的结构、位置有很大难度，可利用三维扫描技术对现场结构进行还原，再由点云模型与现场结构进行结构复核，为后续曲面石材面板的现场安装提供有力依据。

图 11.6.7-1   深圳市前海卓越精装修工程项目效果图

现场照片   点云扫描模型

 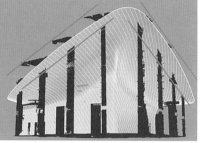

结构点云模型   室内模型与建筑模型叠加碰撞检查

图 11.6.7-2   深圳市前海卓越精装修工程项目现场土建扫描图

11.7　BIM 放样机器人应用

11.7.1　概述

BIM 自动放线技术，是指直接使用 BIM，结合高精度的自动测量仪器，在施工现场同时进行多专业三维空间放线的技术。从 BIM 中导出放线数据到平板电脑，用平板电脑驱动放线机器人自动激光打点，最后由工作人员标线。BIM 放线机器人能够自动追踪棱镜，且追踪定位后能立刻显示棱镜所在点坐标，极大地节省了人力，提高了放线效率。

11.7.2　基础数据与资料

1　现场粘贴项目基点（根据现场情况粘贴若干标靶纸）。

2　BIM 三维激光扫描点云模型。

3　装饰施工图。

11.7.3　实施流程

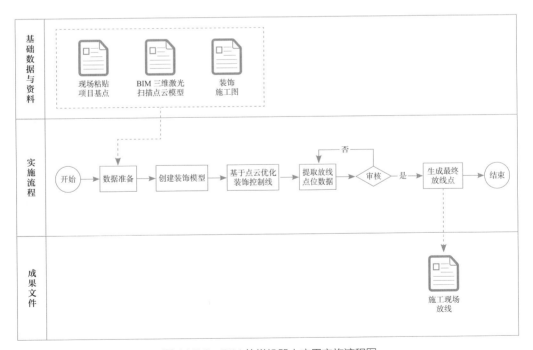

图 11.7.3　BIM 放样机器人应用实施流程图

11.7.4 实施细则

1 根据现场情况粘贴若干标靶纸。

2 进行 BIM 三维激光扫描。

3 进行装饰模型创建。

4 基于点云模型优化装饰控制线。

5 根据优化后的装饰控制线提取放线点位数据导入 BIM 平板电脑中。

6 通过 BIM 平板电脑选取放样点，驱动机器人发射红外激光自动照准现实点位，实现"所见点即所得"，从而将 BIM 精确地反映到施工现场。

11.7.5 成果文件

施工现场放线。体现在施工现场的测量与放线。

11.7.6 应用价值

通过 BIM 直接提取放线点位数据并在 BIM 放线机器人平板电脑上生成预览模型点云，可完全消除人工操作误差，提高现场放线精确度。放线时，通过平板电脑远程控制放线机器人自动打点定位，放线效率高且操作便捷。特别对于异形结构部位放线，传统网格坐标放线步骤烦琐、效率低且精确度不高，BIM 放线机器人很好地解决了这一难题。

11.7.7 项目案例

深圳市水贝壹号大厦项目位于罗湖区中心地带，靠近地铁 3 号线水贝站，交通便利。水贝壹号大厦以黄金珠宝首饰产业为核心，是融展览展销、研发设计、总部管理与运营、旅游休闲购物功能于一体的都市型特色楼宇。

项目主要采用放样机器人对商场中空区域进行打点放线，将深化的 BIM 数据导入平板电脑，现场用平板电脑控制放样机器人自动化定位放样，保证了安装位置的准确性，为后续的现场施工提供了有力的依据。

图 11.7.7-1　水贝壹号大厦精装修工程项目效果图

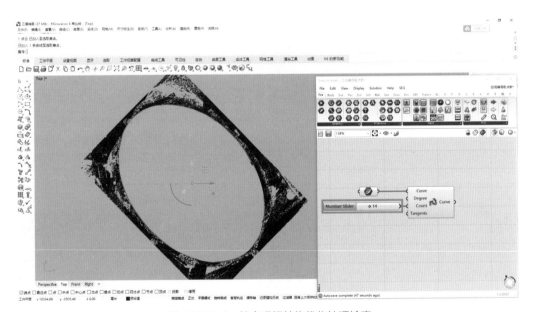

图 11.7.7-2　结合现场结构优化处理轮廓

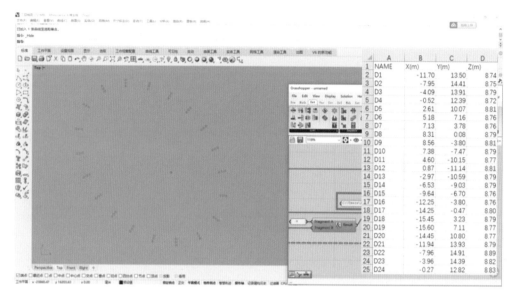

图 11.7.7-3　输出点坐标

现场张贴标靶纸

设备调平

建立坐标系

激光辅助打点

图 11.7.7-4　放样机器人现场操作

12 运维阶段

建筑进入运维阶段，主要业务范畴是设施管理、物业管理和资产及运营管理。传统的建筑运维，普遍存在人员职责交叉、工作结果差、执行不到位等问题。在运维阶段应用 BIM 技术，通过不断完善和更新的 BIM 集成数据，通过计算机算法的自动化计算、分析，增强管理的物态可视化、数据集成化和决策自动化，更加高效、准确地解决设施（建筑实体、空间、周围环境以及设备、人员等）运行过程中的各种问题，进而降低运维成本，提高服务质量和用户满意度，为智慧建筑建设提供技术支持，从而促进建筑物的可持续利用。

运维阶段 BIM 应用，是基于业主设施运营的核心需求，充分利用竣工交付的 BIM，搭建智能运维管理系统，用于不同的业务应用场景，主要由运维管理方案策划、运维管理系统搭建、运维模型构建、运维数据自动化集成、运维系统维护 5 个主要步骤组成，其中运维管理的功能模块主要包括空间管理、资产管理、设施设备维护管理、应急管理、能源管理、物业管理以及运营管理，应针对建筑的不同使用性质（如住宅、办公、学校、文体、医院等）策划和适配管理内容。

12.1 运维管理方案策划

12.1.1 概述

运维管理方案是指导运维阶段 BIM 技术应用不可或缺的文件，应根据项目的实际需求制定。对于新建项目，基于 BIM 的运维方案宜在项目设计阶段启动，建议在项目智能化和机电设施选型前明确运维目标，以指导设施选型。在项目建设过程中，还应对运维管理方案进行优化，最终在项目竣工交付和试运行期间完成方案。运维管理方案宜由投资方或业主运维管理部门牵头，专业咨询服务商（包括 BIM 咨询、FM 设施管理咨询、IBMS 集成建筑管理系统等）和运维管理软件供应商共同参与制定。

12.1.2　基础数据与资料

1　运维需求调研分析的数据及资料。

2　运维系统功能分析的数据及资料。

3　实施方案可行性分析的数据及资料（成本评估、风险评估等）。

12.1.3　实施流程

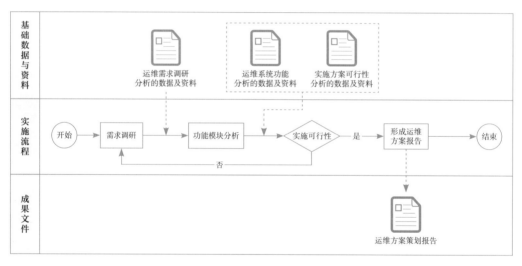

图 12.1.3　运维管理方案策划实施流程图

12.1.4　实施细则

1　运维需求调研分析，调研工作宜前置于项目建设阶段，结合现场监控设备、机电设备、传感器等设施和硬件集成要求以及环境条件，保证 BIM 数据满足项目运维实际需求，如实模一致等；调研对象应覆盖主管领导、管理人员、管理员工和使用者（租户、访客等）。

2　运维系统功能分析，梳理针对不同应用对象的功能性模块和支持运维应用的非功能性模块，如角色、管理权限等。

3 可行性分析，分析功能实现应具备的前提条件，尤其是需要详细调研集成进入运维系统的智能弱电系统或者嵌入式设备的开放性接口，原则上要求将智能化和机电设施的数据接口开放给业主单位。

4 运维方案策划应考虑成本和风险因素，将成本投入评估和风险评估包括在内。

12.1.5　成果文件

运维方案策划报告。包括 BIM 运维应用的总体目标、运维实施内容、BIM 运维模型标准、BIM 运维模型构建、运维系统搭建技术路径、运维系统维护规划等。

12.1.6　应用价值

1 依据建筑运维目标进行方案策划活动，有利于使各级目标协调一致，从而有效避免运维系统建设过程中的盲目性。

2 从零散而复杂的运维需求中梳理出合理的、可操作的运行程序和工作路线，促使运维系统建设有序地开展。

3 充分评估运维需求和功能模块的可行性，考虑成本和风险因素，提出相对可靠的运维策划方案，有效提高资源使用效率，显著降低失败风险。

12.2　运维管理系统搭建

12.2.1　概述

BIM 运维系统搭建是建筑 BIM 运维阶段的核心工作，应在运维管理方案的总体框架下，结合短期、中期、远期规划，本着"数据安全、系统可靠、功能适用、支持拓展"的原则进行软件选型和搭建。

BIM 运维系统搭建及应用成果应考虑对接区级或市级 CIM 平台以及市政府管理服务指挥中心，以丰富深圳智慧城市系统的数字底座和应用场景，支撑智慧城市运行管理和数据创新应用，可根据实际情况对上级系统平台开放整体系统或部分功能模块的数据接口，并在运维平台软件筛选时考虑数据接口技术的可靠性、兼容性、实用性、安全性、扩展性、可维护性等性能要求。

12.2.2 基础数据与资料

1 专业运维平台软件供应商名录及解决方案。

2 业主需求调研数据、资料。

3 既有物业设施系统资料。

4 专业运维平台软件解决方案、软件功能文档。

12.2.3 实施流程

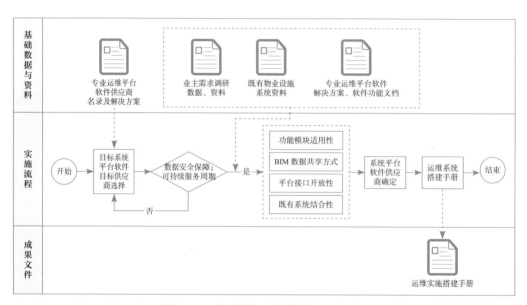

图 12.2.3　运维管理系统搭建实施流程图

12.2.4 实施细则

1 BIM 运维系统的选择：

BIM 运维系统可选用专业软件供应商提供的运维平台，在其基础上结合业主功能需求进行功能性的定制开发，以缩短系统开发周期，降低开发成本，也可自行结合既有三维图形软件或 BIM 软件，在其基础上集成数据库进行开发。运维平台宜利用或集成业主既有的设施管理软件的功能和数据，并充分考虑利用互联网、GIS、大数据、云计算、物联网、区块链、人工智能等新兴技术，以及平台在客户端、网页端、移动端的多终端应用。

如选用专业软件供应商提供的运维平台，宜对多个解决方案供应商进行充分调研，调研的重点包括运维平台服务的可持续性、数据的安全性、功能模块的适用性、BIM 数据的信息传递与共享方式、平台数据接口的开放性、与既有物业设施系统结合的可行性等内容，在此基础上对比并筛选出最大程度上符合运维管理策划方案要求的软件供应商及软件解决方案。

如自行开发运维平台，应考察三维图形软件或 BIM 软件的稳定性、既有功能对运维系统的支撑能力、软件提供 API 数据接口的全面性和安全性等。

运维系统选型应考察 BIM 运维模型与运维系统之间的 BIM 数据的传递质量和传递方式，确保建筑信息模型数据利用的最大化。

2 BIM 运维管理系统的主要功能：

根据建筑运维管理的特点，搭建的 BIM 运维管理系统应满足空间管理、资产管理、设施设备维护管理、应急管理、能源管理、物业管理、运营管理等要求。

3 BIM 运维管理系统应考虑不同层级的管理需求，对不同的功能模块及终端授予不同的权限，以满足不同场景使用者的需要，如：

1）决策层，通过系统界面及移动终端（移动 APP、微信小程序等）快速了解整个建筑的管理状况、数据统计、重大事件等，便于从宏观角度纵览全局，还应支持通过终端对项目进行审批，下达指令；

2）管理层，通过系统的各种功能模块操作各子系统，了解设备运行状况、能耗状况，处理物业流程，控制及调节建筑环境等，使管理更精细化、流程更简便；

3）执行层，通过系统终端的指令快速定位故障设备，指导物业维修人员到达现场处理；

4）建筑使用者，通过终端了解物业人员为用户提供的服务和工作的成果，对物业人员进行监督和帮助，提升用户满意度。

4 BIM 运维管理系统的搭建：

1）BIM 运维管理系统的搭建是在充足的需求调研的基础上进行的，系统须能满足业主和用户对运维的要求；

2）基于 BIM 技术的运维管理系统以可视化的三维模型作为系统载体，结合运维所需的信息数据，整合建筑运维实际流程并在计算机算法的基础上进行信息化、自动化的管控。在开发系统的同时，应注意集成既有的建筑设备自控（BA）系统、消防

（FA）系统、安防（SA）系统；

3）BIM 运维管理系统开发完成后，应对系统使用人员进行全面的应用培训，并制定相应的规章制度及售后方案，制作用户手册，保障运维系统的正常运行。

12.2.5 成果文件

运维实施搭建手册。包括运维系统搭建规划、功能模块选取、资源配备、实施计划、服务方案等。

12.2.6 应用价值

1 BIM 运维系统搭建是建筑 BIM 运维阶段目标和业主、用户需求的具体实现过程，决定着建筑运维的最终成效。

2 系统搭建的实施过程是对软件的数据安全性、系统可靠性、功能适用性、支持拓展性等要素进行全面把控的关键环节，决定着运维系统的成败。

12.2.7 项目案例

深圳市南山智谷产业园项目，搭建了 BIM 智慧运维管理平台，旨在打造生产、生活、生态"三生共融"的第五代科技生态园标杆，本项目运维管理平台结合园区建设的 BIM，打破原有的孤立存在的 5A 系统，对各智能化子系统进行统一监视、控制与管理，建设园区统一的运营指挥中心、园区综合展示与应急指挥主要平台，同时作为建筑内的管理中枢，把园区的设备、应用、数据由智慧统一平台集中管理，在此基础上结合园区招商引资和产业发展的需求，进一步将系统建设成为楼宇资产、物业、产业服务统一管理平台，为园区企业提供更好的产业服务，促进园区产业发展，为园区管理提供信息化工具，提升园区管理服务效率。

项目的 BIM 运维系统实施搭建手册主要内容包括：系统建设原则、目标，基础平台、物联网平台、主数据中心系统架构体系，运维管理系统运营、资产、安防、监控等管理模块功能设计，大数据管理平台、业务管理平台、移动端功能设计以及售后服务。

图 12.2.7-1　深圳市南山智谷产业园 BIM 智慧运维管理系统实施搭建手册

图 12.2.7-2　深圳市南山智谷产业园 BIM 智慧运维管理系统架构设计图

12.3　BIM 运维模型转换构建

12.3.1　概述

运维模型转换构建是 BIM 运维系统数据搭建的关键性工作。运维模型来源于竣工模型，竣工模型为竣工图纸构建的模型，应包含完整的几何属性和非几何属性，经过竣工现场复核，与现场实际面貌保持一致，即应形成"实模一致"的竣工模型。

12.3.2 基础数据与资料

1 BIM 竣工模型。包括相关的工程质量文档、安全资料、设计图纸、施工图纸以及竣工模型使用手册、说明手册、维护资料等文档、数据。

2 运维管理所需的数据资料。包括主要构件设施、系统的设备编号、系统编号、组成设备、使用环境、资产属性，管理单位权属单位等运营管理信息也应包含主要构件、设施、设备以及系统的维护方法、维护单位、保修期、使用寿命等维护保养信息。

3 BIM 竣工及运维模型标准、规范。包括《深圳市建筑工程信息模型设计交付标准》SJG 76—2020、《深圳市既有重要建筑建模交付技术指引（房建分册）》等。

12.3.3 实施流程

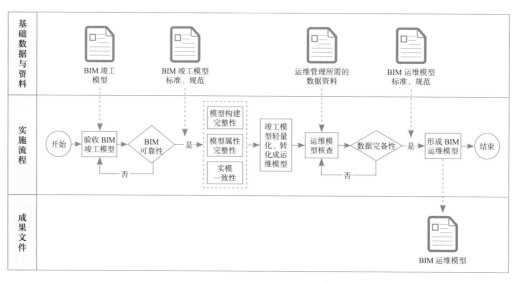

图 12.3.3　BIM 运维模型转换构建实施流程图

12.3.4 实施细则

1 验收 BIM 竣工模型，应根据《深圳市建筑工程信息模型设计交付标准》SJG 76—2020 等地方 BIM 竣工模型标准，检查 BIM 构件、属性信息的完备性和实模一致性，确保竣工模型的可靠性，BIM 坐标系应确保统一采用 2000 国家大地坐标系，绝对高程采用 1985 国家高程基准，不符合要求的需进行坐标系的转换。既有建筑如无竣工模型，应利用 BIM 建模软件根据竣工资料补建并进行实模一致性的核查，成果技术要求参照《深圳市既有重要建筑建模交付技术指引（房建分册）》的相关规定，针对竣工资料缺失或竣工图纸未表达清楚的情况，应用激光点云扫描仪、全站仪等进行实测实量，获取三维点云数据，逆向生成现状三维模型，在此基础上搭建竣工模型。

2 根据运维系统的功能需求和数据格式将竣工模型转化为运维模型。在此过程中应注意运维模型的轻量化，模型轻量化工作包括：

1）优化、合并、精简可视化模型；

2）导出并转存与可视化模型无关的数据；

3）充分利用图形平台性能和图形算法，提升模型显示效率。

3 根据 BIM 运维模型标准、规范核查运维模型数据完备性，验收合格资料、运营管理相关信息和设备编码宜关联或附加至运维模型。

4 运维模型应准确表达构件的外表几何信息、运维信息、编码等，对运维无指导意义的内容，应进行轻量化处理，不宜过度建模或过度集成数据，并应根据运维过程交付或周期性交付的要求拆分、合并或删除相关信息。

12.3.5 成果文件

BIM 运维模型。形成的 BIM 运维模型，除原始软件模型格式外，还应转化成 IFC 数据格式版本，并符合 SZIFC 数据标准，作为项目数据资产留存、归档，或按照深圳市工程项目全生命周期 BIM 平台以及可视化城市空间数字平台（CIM 平台）数据格式的要求，对接完成模型上传。

12.3.6 应用价值

1 BIM 运维模型是建筑运维系统中设施设备的可视化虚拟载体，构建与真实建筑 1:1 的数字孪生模型，在虚拟世界中真实反映建筑设施设备的实时运行情况，能够提高运维系统的展示效果和服务水平。

2 将建筑设施设备 BIM 运维模型、智能化系统以及物业管理系统等进行整合，形成运维系统平台和数据的联动效果，掌握建筑的各类管理情况，并结合大屏系统进行"一张图"汇总展示、综合态势分析与决策分析，实现对建筑数据统一汇总、管理、使用，提升建筑运维的管理能力。

12.3.7　项目案例

针对深圳市南山智谷产业园项目，将一期共 6 栋建筑的全专业 BIM 竣工模型经过实模一致性核查和修改、优化，按单体、楼层、专业、构件进行拆分、清洗、命名、编码，将设计、施工及历史运维信息附加或关联到相关模型元素，并按照空间管理、资产管理、设施设备管理、应急管理、能源管理、物业管理、运营管理等各项业务需求增加、拆分、合并或删除相关模型元素及信息，最终形成项目的 BIM 运维模型，作为 BIM 智慧园区运维平台的三维可视化底板。

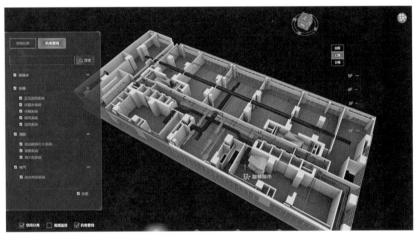

图 12.3.7　深圳市南山智谷产业园 BIM 智慧运维管理系统
C 栋 1F BIM 运维模型示例图

12.4　BIM 运维管理应用

12.4.1　概述

BIM 运维管理系统对建筑的空间、资产、人员等进行科学管理，对可能发生的灾害进行预防，优化建筑空间和资产的使用，降低运维成本，提升管理和运营效率，将运维管理系统与 BIM、云计算、物联网等新兴技术结合，实现空间管理、资产管理、设施设备管理、应急管理、能源管理、物业管理、运营管理等主要内容的应用。

BIM 运维管理主要应用场景 表 12.4.1

业务管理应用场景	应用描述	系统主要功能
空间管理	基于建筑的 BIM 运维管理系统中的空间可视化模型，并结合空间管理的相关功能模块，进行建筑空间管理，其功能主要包括空间规划、空间分配、人流管理（人流密集场所）和统计分析应用等	1. 空间规划。根据企业或组织业务发展设置空间租赁或购买等空间信息，积累空间管理的各类信息，便于预期评估，制定满足未来发展需求的空间规划
		2. 空间分配。基于建筑信息模型对建筑空间进行合理分配，方便查看和统计各类空间信息并动态记录分配信息，提高空间的利用率
		3. 人流管理。对人流密集的区域，实现人流监测和疏散可视化管理，保证区域安全
		4. 统计分析。开发空间分析功能，获取准确的面积使用情况，满足内外部报表需求
资产管理	运维建筑信息模型不仅包含建筑物本身，还应包括建筑物内部所有的固定资产构件和对应的资产管理信息，通过运维系统对建筑固定资产进行管理，可以为建筑运维人员提供资产管理决策信息。例如：针对财务管理部门，资产管理可以提供资产数量信息、使用人员信息、状态信息等数据报表，辅助生产建筑资产财务报告，跟踪各类资产状态信息，辅助进行资产分析	1. 形成运维和财务部门需要的可直观理解的资产管理信息源，实时提供有关资产报表
		2. 生成企业的资产财务报告，分析模拟特殊资产更新和替代的成本测算
		3. 记录模型更新，动态显示建筑资产信息的更新、替换或维护过程，并且跟踪各类变化
		4. 基于建筑信息模型的资产管理，财务部门可提供不同类型的资产分析
设施设备管理	将建筑设备自控（BA）系统、消防（FA）系统、安防（SA）系统及其他智能化系统与建筑运维模型结合，形成基于 BIM 技术的建筑运行管理系统形成运行管理方案，有利于实施建筑项目信息化维护管理。 设施设备维护管理是基于运维系统进行的，包括建筑设备的维护管理、标识标牌的维护管理、室内门窗的维护管理、建筑幕墙的维护管理、市政绿化的维护管理等，与建筑项目相关的维护管理均属于此范畴。通过运维系统可以在模型中快捷地定位到需要维护的设备、构件的具体位置，查询相应的维护保养信息，向维护保养人员委派维保单；针对每日的日常巡检，运维系统可以制定日常巡检路线，记录巡检操作内容，优化物业维护人员组织架构	1. 设备设施资料管理。对设备设施技术资料进行归纳，以便快速查询，并确保设施设备的可追溯性和文件数据的备份管理
		2. 日常巡检。利用建筑模型和设施设备及系统模型，制定设施设备日常巡检路线，结合楼宇 BA 系统及其他智能化系统，对楼宇设施设备进行计算机界面巡检，减少现场巡检频次，降低楼宇运行的人力成本。
		3. 维保管理。编制维保计划。利用建筑模型和设施设备及系统资产管理清册，结合楼宇实际运行需求制订楼宇建筑和设施设备及系统的维保计划。 1）定期维修。利用建筑模型和设施设备及系统模型，结合设备供应使用说明及设备实际使用情况，按维保计划要求对设施设备进行维护保养，确保设施设备始终处于正常状态。 2）报修管理。利用建筑模型和设施设备及系统模型，结合故障范围和情况，快速确定故障位置及故障原因，进而及时处理设备运行故障。 3）自动派单。系统提示设备设施维护要求，自动根据维护等级发送给相关人员以进行现场维护。 4）维护更新设施设备数据。及时记录和更新建筑信息模型的运维计划、运维记录（如更新、损坏、老化、替换、保修等）、成本数据、厂商数据和设备功能等其他数据

业务管理 应用场景	应用描述	系统主要功能
应急管理	应急管理是基于运维系统对突发事件发生前进行预演模拟，对突发事件发生后进行合理处置。应急管理的建筑信息模型必须包含空间（房间及区域）属性信息，结合系统中预先设置好的人员疏散路线信息，救援路线信息、摄像头位置点信息、救援设备位置点信息等，在人员疏散逃离及救援人员进入现场时给予正确的处置参考信息	1. 模拟应急预案。在 BIM 运维系统中内置物业编制好的应急预案，包括人员疏散路线、管理人员负责区域以及消防车、救护车进场路线等，并且对应急预案进行模拟演练。 2. 应急事件处置。在发生应急事件时，系统能自动定位到发生应急事件的位置并报警，应急事件发生时系统中的应急预案可为应急处置提供参考
能源管理	利用建筑模型和设施设备及系统模型，结合楼宇计量系统及楼宇相关运行数据，生成按区域、楼层、房间划分的能耗数据，辅助能耗分析和能效管理。 能源管理的方式有两种。第一种是结合已有的弱电系统，在运维系统中增加相应的系统接口，将原有的弱电系统的数据传输过来，通过三维建筑信息模型可视化地展示在运维系统中，并通过设置相应的参数对机电设备的能耗数据进行分析、预测和智能化调节；第二种是在机电设备中添加传感器，通过传感器将机电设备中的实时能耗数据信息传递至运维系统数据库中，再通过三维建筑信息模型可视化地展示在运维系统中，并通过运维系统对机电设备的能耗数据进行分析、预测和智能化调节	1. 数据收集。通过传感器实时收集设备能耗，并将收集到的数据传输至中央数据库进行收集。 2. 能耗分析。运维系统对中央数据库收集的能耗数据信息进行汇总分析，通过动态图表的形式展示出来，并对能耗异常位置进行定位、提醒 3. 智能调节。可以针对能源使用历史情况，自动调节能源使用情况，也可根据预先设置的能源参数进行定时调节，或者根据建筑环境自动调整运行方案 4. 能耗预测。根据能耗历史数据预测未来一定时间内的设备能耗使用情况，合理安排设备能源使用计划

续表

业务管理应用场景	应用描述	系统主要功能
物业管理	在传统物业部门业务管理系统的基础上，结合建筑模型和设施设备及系统模型，对物业报修、物业巡检、仓库物料管理以及物业部门的办公和人事组织等内容进行可视化管控，对设施设备提供优质的维护，以保证长期使用，同时营造良好的内部办公环境，提升物业服务和办公效率，从而保证物业口碑、提高出租率、保持租金水平	1. 物业报修。用户线上提交报修服务申请，系统对任务进行分类管理，完成快速查询与统计，物业线上快速受理并从后台指派维修人员处理，及时反馈报修进度和处理结果
		2. 品质检查。系统基于项目的日常巡检标准自动生成品质检查任务，标准化处理流程、问题并及时流转，后台实时跟进，整改任务并生成检查的统计报表，同时品质巡检并自动和物业管理绩效对接
		3. 综合巡更。管理方统一制定巡更标准，物业巡检人员可通过移动端进行巡更签到，可基于轨迹监控实时查看项目当前巡更情况和历史情况，分析巡更线路合理性及人员执行效率
		4. 仓库管理。基于系统进行各物料统一汇总登记，进行仓库信息设置、仓库物品分类、物品信息维护、库存信息查询、出入库操作日志、生产物料消耗统计以及物料盘点汇总，实现出入库管理、采购管理、物料领用管理
		5. 物业人事与组织管理。基于系统进行物业单位内部组织架构的数据创建，如人事关系的管理、审批流程的创建与执行、工作汇报、公告通知、排班，并通过移动打卡实现对员工的出勤管理
运营管理	通过开展高质量、有效的运营工作，创建良好的营商环境，促进招商引资和房屋租赁，同时为入驻企业和租户提供精准、优质的物业服务和信息门户。基于BIM运维系统的运营管理，旨在为建筑管理方提供专业服务和公共服务的可视化软件平台，实现对内部资源的统一有效管理，满足招商引资和运营服务的需求	1. 信息管理。系统通过广播、电子屏、手机移动端（APP、小程序、公众号）等信息媒介提供信息和资讯发布、广告宣传、知识推送、信息化统一入口、报表中心、专项聚焦区等信息服务内容
		2. 招商管理。基于系统大数据进行招商的业务类型、招商的过程管理、招商项目管理、招商数据统计与分析，实现线索、带看、客户全闭环流程和招商全过程记录跟踪填报，形成招商、渠道工作过程可控、数据可视
		3. 产业分析。通过BIM运维系统对入驻企业和租户的经营、使用状况进行跟踪、收集和分析，从物业、招商等多个方面对建筑运营未来发展趋势进行预测，辅助制订产业发展规划
		4. 租赁管理。在线进行房屋租赁的合同签约、录入、审核、账单、缴费、留档、变更、续约、退租等活动，实现业务流程状态跟踪和在线过程管控
		5. 公共服务管理。提供面向企业和个人的服务入口，为入驻企业、租户和访客提供客户服务、资源预订、访客预约、停车缴费等公共服务内容

12.4.2 基础数据与资料

1 建筑信息模型。根据不同管理的应用场景，准备对应的 BIM。

2 业务属性数据。与建筑管理业务应用场景相关的数据，针对应急管理应用，主要是与应急管理相关的事件数据。业务属性数据来源于运维需求调研、运维系统功能分析、实施方案可行性分析，应在系统建设过程中不断补充、更新、完善，属性数据宜用 Excel 等结构化文件保存。

3 物联网数据。建筑管理业务应用场景部署的监控、传感器、数据采集和设备控制模块等智能化物联网设备实时采集的运行和监测的数据、影像等。

4 互联网数据。天气、资讯等与建筑管理业务应用场景相关的互联网数据、信息。

5 其他资料。其他与建筑管理业务应用场景相关的技术手册、资料文档等。

BIM 运维管理系统基础数据与资料 表 12.4.2

业务管理应用场景	基础数据与资料	说明
空间管理	建筑信息模型	建筑空间模型文件，要求分单体、分楼层编制
	业务属性数据	空间编码、空间名称、空间分类、空间面积、空间分配信息、空间租赁或购买信息等与建筑空间管理相关的信息
		属性数据可以集成到建筑信息模型中，也可单独用 Excel 等结构化文件保存
	物联网数据	建筑公共通道、办公室、会议室、停车场、电梯等空间的监控影像以及其他物联网设备采集的监测数据等
	互联网数据	根据业务应用场景需要，获取相关的互联网数据
	其他资料	根据业务应用场景需要，收集相关的技术手册、资料文档等
资产管理	建筑信息模型	建筑资产模型文件，要求分单体、分楼层编制
	业务属性数据	资产编码、资产名称、资产分类、资产价值、资产所属空间、资产采购信息等与资产管理相关的信息
		属性数据可以集成到建筑信息模型中，也可单独用 Excel 等结构化文件保存
	物联网数据	建筑空间、设施设备等资产的监控影像以及其他物联网设备采集的监测数据等
	互联网数据	根据业务应用场景需要，获取相关的互联网数据
	其他资料	根据业务应用场景需要，收集相关的技术手册、资料文档等
设施设备管理	建筑信息模型	建筑设施设备模型文件，要求分单体、分楼层或分系统、分专业编制
	业务属性数据	设备编码、设备名称、设备分类、资产所属空间、设备采购信息等与设备管理相关的信息
		属性数据可以集成到建筑信息模型中，也可单独用 Excel 等结构化文件保存
	物联网数据	建筑设施设备的运行、监测数据以及监控影像等
	互联网数据	根据业务应用场景需要，获取相关的互联网数据
	其他资料	根据业务应用场景需要，收集相关的技术手册、资料文档等

续表

业务管理 应用场景	基础数据 与资料	说明
应急管理	建筑信息模型	与事件脚本和预案脚本相关的建筑信息模型
	事件数据	与应急管理相关的事件脚本和预案脚本、路线信息、发生位置、处理应急事件相关的设备信息等
	物联网数据	建筑空间、资产、设备设施的运行、监测数据以及监控影像等
	互联网数据	根据业务应用场景需要，获取相关的互联网数据
	其他资料	根据业务应用场景需要，收集相关的技术手册、资料文档等
能源管理	建筑信息模型	建筑设施设备及系统模型文件，建筑空间及房间的模型文件中关于能源管理的相应设备
	业务属性数据	能源分类数据，如水、电、煤、燃气系统基本信息以及能源采集所需要的逻辑数据
		属性数据宜用 Excel 等结构化文件保存
	物联网数据	建筑能源设施设备的运行、监测数据以及监控影像等
	互联网数据	根据业务应用场景需要，获取相关的互联网数据
	其他资料	根据业务应用场景需要，收集相关的技术手册、资料文档等
物业管理	建筑信息模型	建筑设施设备及系统模型文件，建筑空间及房间的模型文件中关于能源管理的相应设备
	业务属性数据	物业管理数据，如设施设备、巡检空间及路线、仓库物料、物业人员基本信息等
		属性数据宜用 Excel 等结构化文件保存
	物联网数据	建筑空间、资产、设备设施等物业管理对象的运行、监测数据以及监控影像等
	互联网数据	根据业务应用场景需要，获取相关的互联网数据
	其他资料	根据业务应用场景需要，收集相关的技术手册、资料文档等
运营管理	建筑信息模型	建筑设施设备及系统、建筑资产、建筑空间及房间的模型文件中关于运营管理的相应模型文件
	业务属性数据	运营管理数据，如资讯信息、商业数据、产业信息、空间资源数据、租赁信息等
		属性数据宜用 Excel 等结构化文件保存
	物联网数据	建筑空间、资产、设备设施等运营对象的运行、监测数据以及监控影像等
	互联网数据	根据业务应用场景需要，获取相关的互联网数据
	其他资料	根据业务应用场景需要，收集相关的技术手册、资料文档等

12.4.3 实施流程

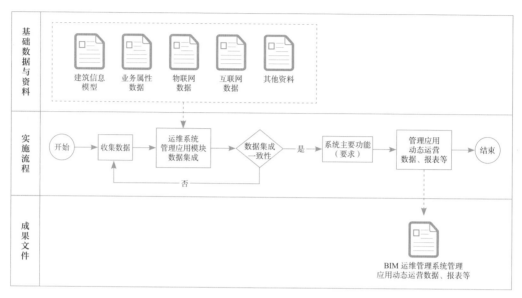

图 12.4.3　BIM 运维管理应用实施流程图

12.4.4 实施细则

1　收集数据。收集空间管理、资产管理、设施设备管理、应急管理、能源管理、物业管理、运营管理等不同应用场景所需的建筑运维信息模型和属性数据，其中应急管理应收集建筑应急事件数据，并且要保证模型数据和属性数据的准确性。

2　集成数据。将建筑信息模型和属性数据根据 BIM 运维系统所要求的格式加载到运维系统的相应管理应用模块中，两者集成后，在运维系统中进行核查，确保两者集成后的一致性。

3　模拟事件。在 BIM 运维系统的应急管理模块中，根据脚本设置选择发生的事件以及必要的事件信息（如发生位置或救援位置），利用系统功能自动或半自动地模拟事件，并利用可视化功能展示事件发生的状态，如着火、人流、救援车辆等。

4　日常运营。在 BIM 运维系统各种管理功能的日常使用中，需进一步将相应的动态数据集成到系统中，例如：空间管理的人流管理、统计分析，资产管理的资产更新、替换、维护过程，设施设备管理的设施设备更新、替换、维护过程，应急管理的突发事件的发生、处置以及应急预案的更新、替换、维护过程，物业管理的设施设备、品质标准、巡更标准、仓库物料以及物业人员的更新和维护，运营管理的资讯、业务、经营及服务更新和维护等。能源管理可以利用数据自动采集功能，将不同类别的能源管理数据通过中央数据库自动集成到运维系统中。

　　5　管理应用服务。BIM 运维系统管理功能形成的日常运营数据，为建筑物的运维管理提供实际应用和决策依据，例如：资产管理数据为运维和财务部门提供资产管理报表、资产财务报告以及决策分析依据，设施设备管理数据为维保部门的维修、维保、更新、自动派单等日常管理工作提供基础支撑和决策依据，应急管理数据为建筑物的安保工作提供决策依据，能耗管理数据为运维部门的能源管理工作提供决策分析依据，物业管理数据为物业部门的维修、巡检、物料、排班、考勤等日常管理工作提供基础支撑和决策依据，运营管理数据为运营管理部门的信息发布、招商引资、房屋租赁、公共服务等日常管理工作提供基础支撑和决策依据。

12.4.5　成果文件

　　BIM 运维管理系统管理应用动态运营数据、报表等。包括空间管理、资产管理、设施设备管理、应急管理、能源管理、物业管理和运营管理等不同业务场景管理应用的监测、动态运营、统计、分析、模拟等产生的方案、台账、报告、报表及可视化资料等。

12.4.6　应用价值

　　1　建筑空间管理可有效管理建筑空间，保证空间的利用率；对建筑空间管理产生的日常运营数据进行统一、高效地分类和存储，能够为建筑物的运维管理提供实际应用和决策依据；结合项目类型、项目体量的具体情况进行系统建设，可以满足各类项目的商务、运营、政府公关、城市民生、文娱宣传、知识讲座等不同空间需求，辅助实现改扩建、橱窗理论运营等空间管理和运营目的。

　　2　建筑资产管理利用建筑信息模型对建筑资产进行信息化管理，辅助建设单位进行投资决策和制订短期、长期管理计划；利用运维模型数据评估、改造、更新建筑资产的费用，建立维护和模型关联的资产数据库；实现资产数据化，满足绿色碳交易、维护班组管理、区块链资产非同质化通证等丰富的应用场景需求。

　　3　建筑设施设备管理能够准确定位故障点的位置，快速显示建筑设备的维护信息和维护方案，提高维保人员工作效率；有利于制订合理的预防性维护计划及流程，延长设备使用寿命，从而降低设备替换成本，并能够提供更稳定的服务；记录建筑设备的维护信息，建立维护机制，能够合理管理备品、备件，有效降低维护成本。

　　4　建筑应急管理利用三维可视化的建筑空间、设施设备及系统模型，辅助制定应急预案，并基于运维系统开展模拟演练；当突发事件发生时，运维系统自动发出报警信息，提醒物业管理人员及时跟进，并在建筑信息模型中直观显示事件发生位置和相关建筑及设备信息，辅助采取进一步应对措施；运维系统可在突发事件发生时自动启动相应的应急预案，以控制事态发展，减少突发事件的直接和间接损失。

5   建筑能源管理利用传感器自动采集设备能耗数据，提高数据采集的时效和效率，并结合建筑信息模型对建筑能源系统进行高效的信息化管理；利用运维模型数据，对建筑能耗数据进行分析，发现高耗能位置和原因，提出针对性的能效管理方案，降低建筑能耗。

6   建筑物业管理通过报修服务的线上受理，使服务流程透明化，提高处理效果，提升服务满意度与管理规范度；实现线上巡检和设备设施的全生命周期管理，提升园区设备管理工作效率并降低人力成本，实现科学化的设备精细运维；协助企业快速建立品质标准库，实现对各个项目的品质考评，以加强质量检查控制；将物业部门的日常管理工作和人事、组织管理内容相关联，实现建筑设施设备、资产与人员的一体化管理，提升综合管理能力和效率。

7   建筑运营管理使信息资讯透明化，实现公告、资讯等信息的整合、发送和共享，增加信息触达渠道，丰富互动形式，提升信息透明度和用户活跃度；使业务流程标准化，实现产业规划、招商以及客户管理的业务流程再造；使商业活动规范化，商业决策智慧化，有效降低楼宇空置率，提升租赁管理效率，获得最大收益；使基础信息线上化，提供全过程线上的租赁工作流程，实现合同管理过程可视、可控；使服务资源集中化，整合服务资源，统一对外发布，为客户提供优质且多样化的服务。

12.4.7 项目案例

深圳市南山智谷产业园项目，结合园区建设的 BIM，打破原有的孤立存在的 5A 系统，对各智能化子系统进行统一监视、控制与管理，建设园区统一的运营指挥中心、园区综合展示与应急指挥主要平台，同时作为建筑内的管理中枢，把园区的设备、应用、数据由智慧统一平台集中管理，在此基础上创新引入物业管理和运营管理模块，弥补传统运维系统中对人员和产业管理的不足，实现园区人、物、机、产全要素的综合管控，结合园区招商引资和产业发展的需求，进一步将系统建设成为楼宇资产、物业、产业服务统一管理平台，为园区企业提供更好的产业服务，促进园区产业发展，为园区管理提供信息化工具，提升园区管理服务效率。

图 12.4.7　深圳南山智谷产业园 BIM 智慧运维管理平台应用内容

12.5 运维管理系统维护

12.5.1 概述

　　BIM 运维管理系统进入运行维护阶段，系统投入运行需不断地对软件进行修改和维护。运维管理维护包括软件本身的维护升级和模型、数据的维护管理。运维管理系统的维护宜由软件供应商或者开发团队提供，维护计划宜在运维系统实施完毕并在交付之前由业主运维部门审核通过。

12.5.2 基础数据与资料

　　1　运维管理维护计划。运行维护阶段对 BIM 运维管理系统软件和数据的维护计划，包含维护范围、方式和频次等内容。

　　2　运维系统更新数据、资料。包括系统软件版本和功能的修订以及升级补丁、建筑信息模型和系统运营数据等的更新内容。

12.5.3 实施流程

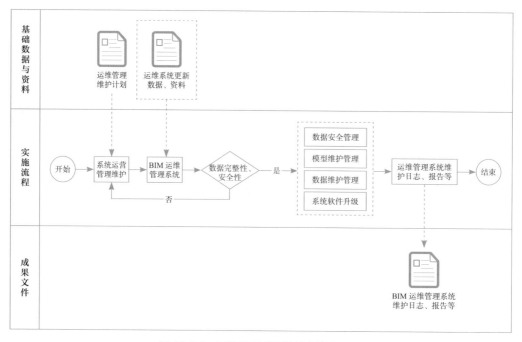

图 12.5.3　运维管理系统维护实施流程图

12.5.4 实施细则

1 数据安全管理。运维数据的安全管理包括数据的存储模式、定期备份、定期检查等。

2 模型维护管理。建筑物维修或改建时，BIM 运维管理系统的模型数据需要及时更新。

3 数据维护管理。运维管理的数据维护工作包括建筑物的空间、资产、设备等静态属性的变更引起的维护，也包括在运维过程中采集到的动态数据的维护和管理。

4 系统软件升级。BIM 运维管理系统的软件版本升级和功能升级都需要充分考虑原有模型、原有数据的完整性、安全性。

5 系统更新机制。宜针对模型、数据及软硬件制定科学、合理的更新机制，定期或不定期地进行基础模型和数据的更新、系统重点功能的新增和优化以及软硬件系统的升级、适配等。

12.5.5 成果文件

BIM 运维管理系统维护日志、报告等。

12.5.6 应用价值

确保 BIM 运维管理系统的正常运行，为业主提供稳定、安全、高效运行的软件系统，以持续发挥 BIM 运维管理系统的价值。

12.5.7 项目案例

深圳市南山智谷产业园项目，建立起了一套完善的售后技术服务体系和配套方案，服务于项目实施期、保修期及维护期的平台维护管理，能完整地支持项目的整个生命周期，包括系统整体规划和设计、应用软件和系统实施以及系统升级服务、系统维护服务、技术咨询服务、项目管理服务等。这些服务项目不但能帮助客户更有效地利用 BIM 运维平台各类软硬件系统，还能使用户方管理员增加系统管理、系统维护等方面的技巧和经验。

图 12.5.7 深圳市南山智谷产业园 BIM 智慧运维管理平台系统界面

部分参考资料名录

深圳市人民政府办公厅《关于印发加快推进建筑信息模型（BIM）技术应用的实施意见（试行）的通知》（深府办函〔2021〕103号）

《建筑工程信息模型设计交付标准》SJG 76—2020

《房屋建筑工程招标投标建筑信息模型技术应用标准》SJG 58—2019

《政府投资公共建筑工程 BIM 实施指引》SJG 78—2020

《深圳市建筑工程信息模型（BIM）建模手册（试行版）》

《建筑信息模型数据存储标准》SJG 114—2022

《建筑工程信息模型设计示例》SJT 02—2022

《深圳市建筑设计技术经济指标计算规定》

《建筑工程设计文件编制深度规定（2016 版）》

《深圳市建设工程规划许可（房建类）报建建筑信息模型交付技术规定（试行）》

《深圳市既有重要建筑建模交付技术指引（房建分册）》

《河北省建筑信息模型（BIM）技术应用指南（试行）》

《福建省建筑信息模型（BIM）技术应用指南（2017 版）》

《上海市建筑信息模型技术应用指南（2017 版）》

条文说明

1 总　则

1.0.1 本指南的主要目的如下：

1 指导深圳市建筑工程各参建方实施各阶段的 BIM 应用，实现 BIM 应用资源、行为、流程、成果的统一性和规范性。

2 为建筑领域开展 BIM 应用的企业提供模板，为其制定企业 BIM 技术标准规范提供参考。

3 可作为建筑工程项目 BIM 应用方案制订、项目 BIM 招标、项目 BIM 管理等工作的依据。

4 可支撑深圳市建筑工程 BIM 技术应用示范项目的申请和评价等工作。

1.0.2 本指南规定了多项 BIM 应用要求，随着 BIM 技术和软硬件的发展，BIM 应用能力将不断提高，需适时更新本指南，形成新的版本，包括更新 BIM 应用流程、新增 BIM 应用点、提升 BIM 应用要求等，以满足建筑工程 BIM 技术应用的需求。

3 一般规定

3.2.3 建筑信息模型深度应匹配工程项目所在阶段的要求，伴随各阶段工作开展，由各参与方一起逐步深化。

8 施工图设计阶段

8.1 建筑结构校核及优化修改应在机电管线综合之前完成，否则对后续工作影响较大。

8.2 机电管线综合时应着重注意业主技术文件要求净高，管线排布要求及施工阶段的施工空间预留，确保管线综合及优化能满足要求，并且在施工深化阶段沿用一模到底、继续深化。

9 深化设计阶段

9.1 深化设计阶段内容主要包含 BIM 应用专项内容，本指南选择行业内较为成熟的应用点进行说明，对于钢筋深化设计等现有情况下无法进行普及的应用点并未涉及。

9.2 砌筑工程深化设计中的基础数据与资料未加入设计模型，是因为考虑到存在直接进行砌筑工程深化专项应用的情况。

10　施工实施阶段

10.1 施工协同平台管理宜包含 BIM 与文档两部分内容，并且各参与方宜基于 BIM 开展相应协同管理工作。

10.2 本指南并未对施工协同管理平台功能做进一步规定，只提及基本工作范围，各参与方宜基于自身管理需求对平台功能进行规定及约束。